人性的优点

刘长江　主编

黑龙江美术出版社

图书在版编目(CIP)数据

人性的优点 / 刘长江主编. — 哈尔滨 : 黑龙江美术出版社, 2016.4

(戴尔·卡耐基励志人生书系)

ISBN 978-7-5318-8028-8

Ⅰ. ①人… Ⅱ. ①刘… Ⅲ. ①成功心理-通俗读物 Ⅳ. ①B848.4-49

中国版本图书馆 CIP 数据核字(2016)第 081757 号

书　　名/ 人性的优点
　　　　　renxing de youdian
主　　编/ 刘长江
责任编辑/ 吕希萌
出版发行/ 黑龙江美术出版社
地　　址/ 哈尔滨市道里区安定街 225 号
邮政编码/ 150016
发行电话/ (0451)84270524
网　　址/ www.hljmscbs.com
经　　销/ 全国新华书店
印　　刷/ 永清县晔盛亚胶印有限公司
开　　本/ 880mm×1168mm　1/32
印　　张/ 6
版　　次/ 2016 年 4 月第 1 版
印　　次/ 2019 年 8 月第 4 次印刷
书　　号/ ISBN 978-7-5318-8028-8
定　　价/ 19.80 元

前　言

戴尔·卡耐基是美国的“成人教育之父”，被誉为20世纪最伟大的心灵导师和成功学大师。他从20世纪初就开始讲授他的成人训练课程，开创了美国的成人教育运动。即使是在21世纪的今天，他的成功哲学与处世技巧对年轻人来说仍是一个永恒的人生课题。美国第35任总统约翰·肯尼迪曾给予这样的评价：“由卡耐基开创并倡导的个人成功学，已经成为这个时代有志青年迈向成功的阶梯。通过他的传播和教导，无数人明白了积极心态的意义，并由此改变了命运。卡耐基留给我们的不仅仅是几本书和一所学校，其真正价值在于他把个人成功的技巧传授给了每一个想出人头地的年轻人。”

卡耐基的著作庞杂，经过精心梳理，我们将其汇编为《戴尔·卡耐基励志人生书系》，包括《沟通的艺术》《人性的弱点》《人性的优点》《美好的人生》《快乐的人生》《语言的突破》六个分册。本书系收录的这些作品凝聚了卡耐基所有的智慧和实践经验，从许多人通过奋斗获得成功的故事出发，对演讲、推销、为人处世、智能开发和个性发展心理学进行了精辟独到的讲解，是卡耐基的思想精华，是作者最成功的励志经典。

《沟通的艺术》是一本关于改善人际关系及为人处世艺术的经典之作。它对于开阔我们的视野、改善我们的人际关系，特别是克服封闭式的人性弱点，将有非常宝贵的启示和借鉴作用。

《人性的弱点》讲做人要平和、真诚，唯一目的就是帮助你解决你所面临的最大问题：如何在你的日常生活、商务活动与社会交往中与人打交道，并有效地影响他人；如何击败人类的生存之敌——忧虑，以创造一种幸福美好的人生。

《人性的优点》运用心理学知识，对人类共有的心理特点进行了深入探索和分析，指导人们在日常生活、社会生活、商务活动中如何与人交往，如何战胜忧虑等负面心理，做自己情绪的主人，创造幸福美好的人生。

《美好的人生》是一本告诉你人生如何才能变得美好和幸福的生活哲学书，包括赢得友谊的思想方法、改变他人却不伤感情的方法、让家庭生活充满欢乐的法则等。作者用有趣而通俗的语言，系统、详细地阐述了自己和读者一起争取美好人生的快乐。

《快乐的人生》教人们怎样用智慧经营人生。卡耐基以简单明了的道理结合生动真实的具体事例，向读者介绍了如何培养平安快乐的心理、如何免受批评的忧虑、如何把握工作和金钱，快乐生活的真实故事。

《语言的突破》是一本受推崇的“口才指南”。作者旨在努力教导一般人克服无能的感觉，学会如何讲话、如何为人处世。不论从事何种工作的人，如果能按照本书介绍的技巧去做，都能获得非常大的效果。

成功其实如此简单，只要你遵循卡耐基先生这些简单适用的人际标准，你就能获得成功。本书系教给我们一些处世的基本原则和生存之道，这是我们每个人都应该学习的人生必修课。

目　录

第四章　活力充沛的秘方

第五章　如何活得精彩

第六章　美满的婚姻生活

第一章　如何对付忧虑

第一节　改变人一生的 24 个字

最重要的是，不要去看远处模糊的，而要去做手边清楚的事。

1871 年春天，一个年轻人，他是蒙特瑞综合医院的一名医科学生，他的生活中充满了忧虑：怎样才能通过期末考试？该做些什么事情？该到什么地方去？怎样才能开业？怎样才能谋生？他拿起一本书，看到了对他的前途有着很大影响的 24 个字。

这 24 个字使 1871 年这位年轻的医科学生成为当时最著名的医学家。他创建了闻名全球的约翰·霍普金斯医学院，成为牛津大学医学院的钦定讲座教授——这是大英帝国医学界所能得到的最高荣誉——他还被英王封为爵士。死后，记述他一生经历的两大卷书，原书达 1466 页。

他就是威廉·奥斯勒爵士。1871 年春天他所看到的那 24

个字帮助他度过了无忧无虑的一生。这 24 个字就是："最重要的是不要去看远处模糊的，而要去做手边清楚的事。"是汤姆斯·卡莱里所写的。

42 年之后的一个温暖的春夜里，在开满郁金香的校园中，威廉·奥斯勒爵士向耶鲁大学的学生发表了讲演。他对那些耶鲁大学的学生们说，像这样一个人，曾经在四所大学里当过教授，写过一本很受欢迎的书，似乎应该有着"特殊的头脑"，其实不然。他的一些好朋友都说，他的脑筋其实是"普普通通"的。

那么，他成功的秘诀是什么呢？他认为是由于他生活在"一个完全独立的今天"里。

"一个完全独立的今天"，这句话是什么意思呢，在去耶鲁演讲的几个月以前，他曾乘一艘很大的海轮横渡大西洋。他看见船长站在驾驶舱里按了一下按钮，在一阵机器运转的响声后，船的几个部分就立刻彼此隔绝开了——隔成几个防水的隔舱。奥斯勒博士对那些耶鲁的学生说："你们每一个人的机制都要比那条大海轮精美得多，而且要走的航程也遥远得多。我想奉劝诸位：你们也应该学会控制自己的一切。只有活在一个'完全独立的今天'中，才能在航行中确保安全。在驾驶舱中，你会发现那些大隔舱都各有用处。按下一个按钮。注意观察你生活中的每一个侧面，用铁门把过去隔断——隔断那些已经逝去的昨天；按下另一个按钮，用铁门把未来也隔断——隔断那些尚未诞生的明天。然后你就保险了——你拥有所有的今天，切断过去。埋葬已经逝去的过去，切断那些会把傻子引上死亡之路的昨天。明天的重担加上昨天的重担，必将成为今天的最大障碍。要把未来像过去那样紧紧地关在门外，未来就在于今天，从来不存在明天，人类得到拯救的日子就在现在。精力的浪费、精神的苦闷，都会紧紧伴随一个为未来担忧的人。那么，把船前船后的船舱都隔断吧。准备养成一个良好的习惯，生活在‘完全独立的今天’里!”

奥斯勒博士是不是主张人们不用下功夫为明天做准备呢?不是，绝对不是。在那次讲演中，他接着说道，集中所有的智慧，所有的热诚，把今天的工作做得尽善尽美，这就是你迎接未来的最好方法。

奥斯勒爵士鼓励那些耶鲁大学的学生们在每天开始的时候，吟诵下面这句祝词：“在这一天，我们将得到今天的面包。”

记住，这句祝词中仅仅要求今天的面包，并没有抱怨昨天我们吃的酸面包。也没有说：“噢，天哪，麦田里最近很干枯，我们可能又遇到一次旱灾。我们到秋天还能吃上面包吗?——或者，万一我失业了——那时我又怎样弄到面包呢?”

这句祝词告诉我们，只可要求今天的面包，而且我们可能吃到的面包也只有今天的面包。

很久以前，一个一文不名的哲学家流浪到一处贫瘠的乡村，那里的人们过着非常艰苦的生活。一天，一群人在山顶上聚集在他的身边。他说出了一段也许是有史以来引用最多的名言。这段话仅有 30 个字，却经历了几个世纪，世世代代地流传了下来：“不要为明天忧虑，因为明天自有明天的忧虑，一天的难处一天受就足够了。”

很多人都不相信耶稣的这句话：“不要为明天忧虑”。他们把它当作一种多余的忠告，把它看作东方的神秘之物，始终不肯相信。他们说：“我一定得为明天忧虑，我得为我的家庭保险，我得把钱存起来以备将来年纪大的时候用。我一定得为将来计划和准备。”

不错，这一切当然都必须做。实际上，耶稣的那句话是300多年前翻译的。现在忧虑一词所代表的意义和当年詹姆斯王朝所代表的意义完全不同。300多年前，忧虑一词通常还有焦急的意思。新译《圣经》把耶稣的这句话译得更为准确："别为明天着急"。

不错，一定要为明天着想，小心地考虑、计划和准备，可是不要担忧。

战时的军事领袖必须为将来谋划，可是他们绝不能有丝毫的焦虑。指挥美国海军的海军上将厄耐斯特·金恩说："我把最好的装备都提供给最优秀的人员，再交给他们一些看起来很卓越的任务。我所能做的仅此而已。"

他又说："如果一条船沉了，我无法把它捞起来。如果船一直下沉，我也无法挡住它。我把时间花在解决明天的问题上，要比为昨天的问题后悔好得多。况且，如果我老是为这些事操心，我将支撑不了多久。"

无论战时还是平时，好主意和坏主意之间的区别就在于：好主意能考虑到前因后果，从而产生合乎逻辑而且具有建设性的计划；而坏主意则会导致一个人的紧张和精神崩溃。

最近，我很荣幸地拜访了亚瑟·苏兹柏格，他是世界著名的《纽约时报》的发行人。苏兹柏格先生告诉我，当第二次世界大战的战火蔓延欧洲时，他感到非常吃惊。对前途的忧虑使他彻夜难眠。他常常半夜从床上爬起来，拿着画布和颜料照着镜子，想画一幅自画像。他对绘画一无所知。但为了使自己不再担心，他还是画着。最后，他用一首赞美诗中的七个字作为他的座右铭，最终消除了忧虑，得到了平安。这七个字就是："只要一步就好了"。

指引我，仁慈的灯光……

让你常在我脚旁，

我并不想看到远方的风景，

只要一步就好了。

大概就在这个时候，有个当兵的年轻人——在欧洲的某地——也同样地学到了这一点。他叫泰德·本杰明，住在马里兰州的巴铁摩尔城纽霍姆路 5716 号——他曾经忧虑得几乎完全丧失了斗志。

泰德·本杰明写道：“1945 年 4 月，我忧愁得患了一种被医生称之为结肠痉挛的疾病，这种病使人极其痛苦。我想，假如战争不在那时结束的话，我整个人就会垮了。

“当时，我整个人筋疲力尽。我在第 94 步兵师担任士官职务，工作是搞一份作战中伤亡和失踪的情况记录，还要帮助挖掘那些在激战中阵亡后被草草埋葬的士兵，把他们的遗物送还给他们的亲友。我一直担心自己会出事，怀疑自己能否熬过这段时间，怀疑自己能不能活着回去抱抱我那尚未见面的 16 个月的儿子。我既忧愁又疲惫不堪，瘦了 34 磅，还差点儿发疯。我眼睁睁地看着双手变得像皮包骨头，一想到自己瘦弱不堪地回家就害怕。我崩溃了，常常一个人哭得浑身发抖。有一段时间，也就是德军最后大反攻开始不久，我常常哭泣，这甚至使我放弃了还能恢复正常生活的希望。

“最后，我住进了医院，一位军医给了我一些忠告，整个改变了我的生活。在我做完一次全面身体检查之后，他告诉我，我的问题纯粹是精神上的，‘泰德，’他说，‘我希望你把生活想象成一个沙子漏斗。在漏斗的上半部，有成千上万颗沙粒，它们缓慢、均匀地通过中间那条细缝。除了沙子漏斗，你我都无法让两颗以上的沙粒同时通过那条窄缝。我们每个人都像这个漏斗，当一天开始的时候，有许多事情要我们尽快完成。但我们只能一件一件地做，让工作像沙粒一样均匀地慢慢通过，否则，我们就一定会损害身体和精神上的健康。

“从值得纪念的那天起，也就是军医把这段话告诉我之后。我就一直奉行这种哲学。‘一次只通过一颗沙粒，一次只做一件事。’这个忠告在战时拯救了我，而对我目前在印刷公司的公共关系及广告部中所做的工作也有莫大的帮助。我发现在生意场上，也有类似战场的问题，即一次要做完好几件事，但时间却很有限。材料要补充，新的表格要处理，要安排新的资料，地址有变动，分公司开张或关闭。但我不再慌乱不安。我一再重复默诵军区的忠告，工作比以前更有效率，再没有那种在战场上几乎使我崩溃的困惑、混乱的感觉。”

目前的生活方式中，最让人恐惧的就是，医院里半数以上的床位都留给了精神或神经上有问题的人。他们是被积累的昨天和令人担心的明天加在一起的重担压垮的病人。他们当中的大部分人，只要能牢记耶稣的这句话：“不要为明天忧虑。”或奥斯勒博士的这句话：“生活在一个完全独立的今天里。”今天就都能无忧无虑地走在街上，过快乐而有益的生活。

你和我，在眼前的一刹那，都站在两个永恒的交会点上，即永远逝去的往日和永无尽头的未来的交点，我们不可能生活在两个永恒之中，哪怕是一秒钟也不行。那样会毁掉我们的身心。既然如此，就让我们以生活在这一刻而感到满足吧。罗勃·史蒂文生说：“不论担子有多重，每个人都能支持到夜晚的来临。不论工作有多苦，每个人都能完成一天的任务，都能很甜美地、很有耐心地、很可爱、很纯洁地活到太阳下山，而这就是生命的真谛。”

不错，生活对我们所要求的也就是这些。可是，住在密西根州沙支那城法院街815号的杰尔德太太，在学到“只要生活到上床为止”这一点之前，却感到极度的颓丧，甚至于几乎想自杀。她向我讲述了这一段生活：

“1937年，我丈夫死了，我觉得非常颓丧——而且几乎一文不名。我写信给我过去的老板里奥罗西先生，他是堪萨斯城罗浮公司的老板，我请求他让我回去做我过去的老工作。我从前的工作是向学校推销世界百科全书。两年前我丈夫生病时，我把汽车卖了，为了重新工作，我勉强凑足钱，分期付款买了一部旧车，开始出去卖书。

“我原以为，重新工作或许可以帮助我从颓丧中解脱出来。可是，总是一个人驾车、一个人吃饭的生活几乎使我无法忍受。加上有些地方根本就推销不出去书，所以，即使分期付款买车的数目不大，也很难付清。

“1938年春，我在密苏里州维沙里市推销书。那里的学校很穷，路又很不好走。我一个人又孤独、又沮丧，以至于有一次我甚至想自杀。我感到成功没有什么希望，生活没有什么乐趣。每天早上我都很怕起床去面对生活。我什么都怕：怕付不出分期付款的车钱，怕付不起房租，怕东西不够吃，怕身体搞垮没有钱看病。唯一使我没有自杀的原因是，我担心我的姐姐会因此而悲伤，况且她又没有充裕的钱来付我的丧葬费用。

“后来，我读到一篇文章，它使我从消沉中振作起来，鼓足勇气继续生活。我永远永远地感激文章中的那一句令人振奋的话：‘对于一个聪明人来说，每一天都是一个新的生命。’我用打字机把这句话打下来，贴在汽车的挡风玻璃窗上，使我开车的每时每刻都能看见它。我发现每次只活一天并不困难，我学会了忘记过去，不考虑未来。每天清晨，我都对自己说：

‘今天又是一个新的生命。’”

“我成功地克服了自己对孤寂和需求的恐惧。整个人都非常快活，事业也还算成功。并对生命充满了热诚和爱。我现在知道，不论在生活中会遇上什么问题，我都不会再害怕了；我现在知道，我不必惧怕未来。我现在知道，我每一次只要活一天——而‘对于一个聪明人来说，每一天都是一个新的生命’。”

猜猜下面几行诗是谁写的：

这个人很快乐，也只有他才能快乐。
因为他能把今天称之为自己的一天；
他在今天能感到安全，能够说：
“无论明天会多么糟糕，我已经过了今天。”

这几句诗似乎很具有现代意味，但它们却是古罗马诗人何瑞斯在基督降生的39年前写下的。

我认为人性最可怜的一件事就是，我们所有的人都拖延着不去积极投入生活。我们向往着天边有一座奇妙的玫瑰园，却从不注意欣赏今天就开放在我们窗口的玫瑰。

我们怎么会变成这种傻子——这种可怜的傻子呢？

“我们生命的小小历程是多么奇特呀，”史蒂芬·里高克写道，“小孩子常说：‘等我是个大孩子的时候。’可是又怎么样呢？大孩子常说：‘等我长大成人以后，’等他长大成人以后，他又说，‘等我结婚以后，’可是结了婚又能怎么样呢，他们的想法又变成了‘等我退休以后’。然而，退休之后，他回过头看着他所经历的一切，似乎像有一阵冷风吹过。不知怎么，他把所有的都错过了，而一切又都一去不复返了。我们总是不能及早领悟：生命就在生活里，就在每天和每时每刻中。”

底特律城已故的爱德华·伊文斯先生，在学会“生命就在生活里，就在每天和每时每刻中”之前，几乎忧郁自杀。爱德华生长在贫苦家庭，最初靠卖报为生，后来在杂货店做店员，家中全部靠他吃饭，他只得找新的工作，做了助理图书管理员，尽管工资微薄，他也不敢辞职。八年之后，他才鼓起勇气开创自己的事业，竟然时来运转，用借来的50（美）元钱发展到一年净赚两万美元，可惜好景不长，他存钱的银行倒闭了，他不但损失了全部财产，还负债16 000美元。

他经受不住这样的打击，“我吃不下，睡不着，”他说，“我开始生起奇怪的病来，病因纯粹是忧郁过度，有一天我走路时昏倒在路边，从此只能卧床休息，结果全身都烂了，最后连躺着都痛苦不堪。这时医生告诉我，我大约只能活两个星期了。我大为震惊，只得写好遗嘱躺下等死。这样一来，忧虑也就多余了。我放松下来，闭目休养了好几个星期。虽然每天睡眠不足两小时，但却很安稳，那些令人疲倦的忧虑渐渐消失了，胃口也渐渐好起来，体重也开始增加。

“又过了几星期，我能拄拐走路了。六星期后，我又能回去工作了。过去我的年薪曾达两万（美）元，现在能找到每周30（美）元的工作就很高兴了。我的工作是推销一种挡板，我不再后悔过去，也不害怕将来，而是将全部时间、精力、热诚都放在推销工作上。”

爱德华·伊文斯的事业发展迅速。没几年，他已是伊文斯工业公司的董事长。从那以后，他的公司长期雄霸纽约股票市场。如果你去格陵兰，很可能会降落在伊文斯机场，这是为纪念他而命名的。但是，他如果没学会“生活在完全独立的今天"，那绝不会有这样的成功。

你大概还记得白雪公主的话："这里的规矩是，明天可以吃果酱，昨天可以吃果酱。但今天不准吃果酱。"我们大多数人也是这样——为了明天的果酱和昨天的果酱发愁，却不肯把今天的果酱厚厚地涂在现在吃的面包上。

就连伟大的法国哲学家蒙田也犯过同样的错误。他说："我的生活中，曾充满可怕的不幸。而那些不幸大部分从未发生。"我和你的生活也是这样。

但丁说："想一想吧，这一天永远不会再来了。"生命正以令人难以置信的速度飞快地溜过。今天才是最值得我们珍视的唯一的时间。

这也是劳费尔·汤玛斯的想法。我最近在他的农场度过一个周末。他在他电台的墙上挂了个镜框。里面是这样的诗句：

这是耶和华所订的日子，
我们在这天要高兴欢喜。

约翰·罗金斯在他的桌子上放了一块石头，上面刻着："今天"，我的书桌上没有石头，不过我的镜子上倒贴着一首诗，每天早上刮胡子时都能看见。这也是奥斯勒博士常常放在他桌上的那首诗，作者是一个很有名的印度戏剧家：卡里达沙。

向黎明致敬
看着这一天！
因为它就是生命的源泉。
……
昨天不过是一场梦，

明天只是一个幻影。

但生活在今天，

却能使昨天是快乐的梦，

明天变成有希望的幻影。

好好看着这一天吧，

你要这样向黎明致敬。

你如果不希望忧虑侵入你的生活，你就应该像奥斯勒博士说的那样：用铁门把过去和未来隔断，生活在完全独立的今天。

现在请你问一问自己以下的问题，并答出答案：

一、我是否忘了生活在今天而只担心未来，我是不是追求所谓“遥远奇妙的玫瑰园”？

二、我是不是常为往事后悔，让今天过得更难受？

三、我早晨起来的时候，是不是决定“抓住这24小时”？

四、如果“活在完全独立的今天”，是否能使我从生命中得到更多？

五、我什么时候应该开始这么做？下星期……明天……还是今天？

第二节　消除忧虑的万能公式

这套公式曾使一个带着棺材航行的垂死病人体重增加了40千克。

你是否想得到一个迅速而有效的清除忧虑的办法？也就是

看上几页书就能马上付诸实践的方法？

如果你回答“是的”，那么请允许我介绍威利·卡瑞尔发明的这个办法。

卡瑞尔是个聪明的工程师，他开创了空调制造行业，现在是世界著名的卡瑞尔公司的负责人。我们在纽约的工程师俱乐部共进午餐时，他亲口告诉了我这个办法。

“年轻的时候，”卡瑞尔先生说，“我在纽约州水牛城的水牛钢铁公司做事。有一次，我要去密苏里州水晶城的匹兹堡玻璃公司的下属工厂安装瓦斯清洗器。这是一种新型机器，我们经过一番精心调试，克服了许多意想不到的困难，机器总算可以运行了，但性能没有达到我们预期的指标。

“我对自己的失败深感惊诧，仿佛挨了当头一棒，竟然犯了肚子疼，好长时间没法睡觉。

“最后，我觉得忧虑并不能解决问题，便琢磨出一个办法，结果非常有效，这个办法我一用就是30年，其实很简单，任何人都可以使用。其中有三个步骤：

“第一步，我坦然地分析我面对的最坏的结局。

“如果失败的话，老板会损失两万美元，我很可能会丢掉差事，但没人会把我关起来或枪毙掉。这是肯定的。

“第二步，我鼓励自己接受这个最坏的结果。

“我告诫自己，我的历史上会出现一个污点，但我还可能找到新的工作。至于我的老板，两万美元还付得起，权作交了实验费。接受了最坏的结果以后，我反而轻松下来了，感受到许多天来不曾有过的平静。

“第三步，我开始把自己的时间和精力投入到改善最坏结果的努力中去。

“我尽量想一些补救办法，减少损失的数目，经过几次试验，我发现如果再用五千美元买些辅助设备，问题就可以解决。果然，这样做了以后，公司不但没损失那两万美元，反而赚了一万五千美元。

“如果我当时一直担心下去的话，恐怕再也不可能做到这一点了。忧虑的最大坏处，就是会毁掉一个人的能力，忧虑使人思维混乱。当我们强迫自己接受最坏的结局时，我们就能把自己放在一个可以集中精力解决问题的地位。

“这件事发生在很久以前，由于那种办法十分有效，我多年来一直使用它。结果，我的生活里几乎很难再有烦恼了。”

为什么卡瑞尔的办法这么有实用价值呢，从心理学上讲，它能够把我们从那个灰色云层中拉下来，使我们的双脚稳稳地站在地面。假如我们脚下没有结实的土地，又怎么能把事情做好呢？

应用心理学之父威廉·詹姆斯教授已经去世38年了，假如他还活着，今天听说了这个公式，也一定会深为赞赏的，因为他曾说过：“能接受既成事实，是克服随之而来的任何不幸的第一步。”

林语堂在他那本深受欢迎的《生活的艺术》里也说过同样的话。这位中国哲学家说：“心理上的平静能顶住最坏的境遇，能让你焕发新的活力。”

这话太对了。接受了最坏的结果后，我们就不会再损失什么了，这就意味着失去的一切都有希望回来了。

可是，生活中还有成千上万的人为愤怒而毁了生活，因为他们拒绝接受最坏的境况，不肯从灾难中尽可能地救出点儿东西。他们不但不重新构筑自己的大厦，反而成了忧郁症的牺牲者。

你是否愿意看看其他人对卡瑞尔公式的运用实例？下面这

个例子是我班上的一名学生，目前他是纽约的油商。

“我被敲诈了！”他说，“我不相信会有这种事。简直是电影里的镜头！事情是这样的。我主管的石油公司里有些运油司机把应该给顾客的定量油偷偷克扣下来卖掉。一天，一个自称是政府调查员的人来找我，向我要红包。他说他掌握了我们运货员舞弊的证据。他威胁说，如果我不答应，他就把证据转交给地方检察官。这时，我才知道公司存在这种非法的买卖。

“当然，这与我个人没有什么关系，但我知道法律有规定，公司必须为自己职工的行为负责。而且，万一案子打到法院，上了报，这种坏名声就会毁了我的生意。我为自己的生意骄傲——那是父亲在24年前打下的基础。

“当时我急得生了病，整整三天三夜吃不下睡不着。我一直在这件事里打转转。我是该付那笔钱——五千美金——还是该对那个人说，你想怎么办就怎么办吧。我一直拿不定主意，每天都做噩梦。

“星期天晚上。我随手拿起一本《怎样不再忧虑》，这是我去听卡耐基公开讲演时拿到的。我读到威利·卡瑞尔的故事时看到这样一句话：‘面对最坏的情况。’于是我向自己提问：‘如果我不给钱，那些勒索者把证据交给地检处的话，可能发生的最坏情况是什么呢？’

“答案是：‘毁了我的生意——仅此而已。我不会被抓起来，仅仅是我被这件事毁了。’

“于是，我对自己说：‘好了，生意即使毁了，我在心理上也可以承受这一点，接下去又会怎么样呢？’

“嗯，生意毁掉之后，也许我得另找个工作。这也不难，我对石油行业很熟悉——几家大公司也许会雇用我，我开始感觉好过多了。三天三夜来的那种忧虑也开始逐渐消散。我的情绪基本稳定下来，当然也能开始思考了。

“我清醒地看到了下一步——改善不利的处境。我思考解决办法的时候，一个崭新的计划展现在我的面前。如果我把整个情况告诉我的律师，他也许能找到一条我没有想到的新路。我过去一直没有想到这一点，这完全是因为我只是一直在担心而没有好好地思考。我立即打定主意——第二天一早就去见我的律师——接着我上了床。睡得安安稳稳。

“第二天早上。我的律师让我去见地方检察官，把整个情况全部告诉他。我照他的话做了，当我说出原委后，出乎意料地听到地方检察官说，这种勒索已经连续几个月了，那个自称是“政府官员”的人，其实是个警方的通缉犯。在我为无法决定是否该把五千美元交给那个职业罪犯而担心了三天三夜之后，听到他这番话，真是长长地松了口气。

“这次经历给我上了终生难忘的一课。现在，每当我面临会使我忧虑的难题时，‘威利·卡瑞尔的老公式’就会派上用场。”

1948 年 11 月 17 日，住在麻省曼彻斯特市温吉梅尔大街 52 号的艾尔·汉里在波士顿史蒂拉大饭店亲口告诉我关于他自己的故事：

“在 20 年代，我因常常发愁得了胃溃疡。一天晚上，我的胃出血了，被送到芝加哥西比大学的医学院附属医院，体重也从 170 磅降到了 90 磅。我的病非常严重，以至于医生连头都不许我抬。医生们认为我的病已经不可救药了。我只能吃苏打粉，每小时吃一匙半流质的东西。每天早晚，护士都用一条橡皮管插进我的胃里，把里面的东西洗出来。

“这种情况持续了几个月。最后，我对自己说：‘你睡吧，汉里，如果你除了等死之外没有什么其他的指望，不如充分利

用你余下的生命。你一直想在你死之前周游世界，如果你还想这样的话，只有现在就去做了。'

“当我告诉那几位医生我要去周游世界的时候，他们大吃一惊。这是不可能的，他们警告说，他们从来没有听说过这种事。如果我去周游世界，我就只有葬在海里了。‘不，不会的’，我说，‘我已经答应过我的亲友，我要葬在雷斯卡州我们老家的墓园里，所以我打算随身带着棺材。’

“我买了一具棺材，把它运上船，然后和轮船公司商定，万一我死了，就把我的尸体放在冷冻仓中，直到回到我的老家。我踏上了旅程，心里默念着奥玲·凯立的那首诗：

啊，
在我们零落为泥之前，
岂能辜负这一生的娱欢？
物化为泥，
永寐于黄泉之下，
没酒、没弦、没歌伎，
而且没有明天。

“我从洛杉矶登上亚当斯总统号向东方航行时，已经感觉好多了。渐渐地，我不再吃药，也不再洗胃了。不久之后，任何食物我都能吃了——甚至包括许多奇特的当地食品和调味品，这些都是别人说我吃了一定会送命的东西。几个星期过去了，我甚至可以抽长长的黑雪茄，喝几杯老酒。多年来，我从未这样享受过。我们在印度洋上碰到季节风，在太平洋上遇到台风，可我却从这次冒险中得到了很大的乐趣。

“我在船上玩游戏、唱歌、交新朋友，晚上聊到半夜。到了中国和印度之后，我发觉自己回去后要料理的私事，与在东方看到的贫困和饥饿相比，简直是天壤之别。我抛弃了所有无聊的忧虑，觉得非常舒服。回到美国后，我的体重增加了 90 磅，几乎完全忘记我曾患过胃溃疡。一生中我从未感到这么舒服、健康。”

艾尔·汉里告诉我，他发觉自己在潜意识中运用了威利·卡瑞尔克服忧虑的办法。

“首先，我问自己：‘可能发生的最坏情况是什么？’答案是：死亡。

“第二，我让自己准备好迎接死亡。我不得不这样，因为我别无选择，几个医生都说我没有希望了。

“第三，我想方设法改善这种状况。办法是：‘尽量享受剩下的这一点点时间’。”他继续说，“如果我上船后继续忧虑下去，毫无疑问，我会躺在棺材里结束这次旅行。可是，我完全放松，忘记所有的烦恼，而这种心理平衡，使我产生了新的活力，拯救了我的生命。”

所以，第二条规则是：如果你有忧虑，就应用威利·卡瑞尔的万灵公式，做下面三件事：

一、问你自己：可能发生的最坏情况是什么？

二、如果你不得不如此，你就做好准备迎接它。

三、镇定地想方设法改善最坏的情况。

第三节　忧虑是长寿的克星

我们可以用双手去处理烦人的日常工作，但不要让它们影响到肝、肺、血液里去。

很久以前的一天晚上，一个邻居来按我的门铃，让我们全家去种牛痘，预防天花。他是整个纽约市中几千名志愿去按门铃的人之一。许多被吓坏了的人，排好几个小时的队种牛痘。种牛痘站不仅设在所有的医院，还设在消防队、派出所和大的工厂里，大约有两千名医生和护士夜以继日地忙碌着。怎么会这么热闹呢？原来，纽约市有 8 个人得了天花——其中两个人死了——800 万的人口里死了两个人。

我在纽约已经住了 37 年了，可是至今还没有一个人来按我的门铃，警告我预防精神上的忧郁症——这种病，在过去 37 年里所造成的损害，比天花至少要大一万倍。

从来没有人按门铃告诫我，目前生活在这个世界上的人，每十个人中就会有一个人将精神崩溃，主要原因就是忧虑和感情冲突。所以我现在写这一章，就等于来按你的门铃警告你。

得过诺贝尔医学奖的亚力西斯·柯瑞尔博士说："不知道如何消除忧虑的商人命不长。"其实，何止是商人，家庭主妇、兽医和泥瓦匠也都是如此。

几年前我度假时，和圣塔菲铁路的医务处长郭伯尔博士谈到了忧虑对人的影响，他说：“找医生看病的病人中，有百分之七十，只要能够消除他们的恐惧和忧虑，病自然就会好起来。不要误会他们是自以为生了病，实际上，他们的病都像你有一颗蛀牙一样确实，有时甚至还要严重一百倍。如神经性消化不良、某些胃溃疡、心脏不舒服、失眠症、一些头痛症以及某些麻痹症等。这些病都是真病。”

郭伯尔博士说：“我说这些话是有根据的，因为我自己就得过12年的胃溃疡。恐惧使人忧虑，忧虑使人紧张、从而影响到人的胃部神经。使胃液由正常变为不正常，因而产生胃溃疡。”

曾写过《神经性胃病》一书的约瑟夫·孟坦博士也说过同样的话。他指出，“胃溃疡的产生，不在于你吃了什么，而在于你忧虑什么。”

梅育诊所的法瑞苏博士认为：“胃溃疡通常根据人情绪紧张的程度而发作或消失。”这种看法，在研究了梅育诊所一万五千名胃病患者的记录之后得到证实。有五分之四的病人得胃病并非是生理因素，而是恐惧、忧虑、憎恨、极端的自私以及对现实生活的无法适应。根据《生活》杂志的报道，胃溃疡现居死亡原因名单的第十位。

梅育诊所的哈罗·海彬博士在全美工业界医师协会的年会上宣读过一篇论文，说他研究了176位平均年龄在44.3岁的工商业负责人。大约有三分之一强的人由于生活过度紧张而引起心脏病或消化系统溃疡或高血压。想想看，在我们工商业的负责人中，有三分之一的人都患有心脏病、溃疡和高血压，而他们还不到45岁，成功的代价是多么高呀！就算他能赢得全世界，又能怎样？他损失了自己的健康，对他个人来说，这又有什么好处呢？即使他拥有全世界，每次也只能睡在一张床上，每天也只能吃三顿饭。就是一个挖水沟的人，也能做到这一点，而且还可能比一个有权力的公司负责人睡得更安稳，吃得更香。我情愿做一个在亚拉巴马州租田耕种的农夫，也不愿意在不到45岁时，就为了要管理一个铁路公司，或是一家香烟公司而毁掉自己的健康。

说到香烟，一位世界知名的香烟制造商，在加拿大森林中想轻松一下的时候，突然心脏病发作死了。他拥有几百万美元的财产，却61岁时就死了。他也许是牺牲了好几年的生命，换取了所谓“事业上的成功”。在我看来，他的成功还不及我父亲的一半。我爸爸是密苏里州的农夫，一文不名，却活到了89岁。

著名的梅育兄弟宣布，他们有一半以上的病人患有神经病。可是，在强力显微镜下，以最现代的方法检查他们的神经时，却发现大部分都是非常健康的。他们“神经上的毛病”不是因为神经本身有什么反常，而是因为情绪上的悲观、烦躁、焦急、忧虑、恐惧、挫败感、颓丧等等。柏拉图说过：“医生所犯的最大错误在于，他们只治疗身体，不医治精神。但精神和肉体是一体的，不可分开处置。”

医药科学界花了2300年的时间才明白这个道理，一门崭新的医学“心理生理医学”开始发展，对精神和肉体同时治疗。

现在医学已经消除了可怕的、由细菌引起的疾病——比如天花、霍乱等种种曾把数以百万计的人埋进坟墓的传染病。可是医学界还不能治疗生理、心理上那些不是由细菌引起的，而是由于情绪上的忧虑、恐惧、憎恨、烦躁以及绝望所引起的病症。这种情绪性疾病所引起的灾难正日益加重，日渐广泛，而且速度又快得惊人。

医生估计：现在还活着的美国人，每20个就有一个人在某段时期得过精神病。第二次世界大战时应召的美国年轻人，每6个人中就有一个因为精神失常而不能服役。

什么是精神失常的原因？没有人知道全部答案。可是在大多数情况下，极可能是由恐惧和忧虑造成的。焦虑和烦躁的人多半不能适应现实社会而跟周围的环境断绝所有的关系，退缩到他自己的幻想世界，借此解决他所有的忧虑。

爱德华·波多尔斯基博士《除忧去病》一书中有以下几章的题目。

忧虑对心脏的影响

忧虑造成高血压

忧虑可能导致风湿症

为了你的胃减少忧虑

忧虑会使你感冒

忧虑和甲状腺

忧虑的糖尿病患者

另外一本谈论忧虑的好书，是卡尔·明梅尔博士的《自找麻烦》。这本书不会告诉你避免忧虑的规则，可是却能告诉你一些很可怕的事实，让你看清楚人们是怎样用忧虑、烦躁、憎恨、懊悔等情绪来伤害身心健康的。

忧虑甚至会使最坚强的人生病。在美国南北战争的最后几天里，格兰特将军发现了这一点。故事是这样的：格兰特围攻瑞其蒙达九个月之久，李将军手下衣衫不整、饥饿不堪的部队被打败了。

有一次，好几个兵团的人都开了小差，其余的人在他们的帐篷里祈祷——叫着、哭着，看到了种种幻象。眼看战争就要终结了，李将军手下的人放火烧了瑞其蒙的棉花和烟草仓库，也烧了兵工厂。然后，在烈焰升腾的黑夜里弃城而逃。格兰特乘胜追击，从左右两侧和后方夹击南部联军，骑兵从正面截击。

由于剧烈头痛而眼睛半瞎的格兰特无法跟上队伍，就停在一家农户前。“我在那里过了一夜，”后来，格兰特在自己的回忆录中写道，“我把双脚泡在加了芥末的冷水里，还把芥末药膏贴在我的两个手腕和后颈上，希望第二天早上能复原。”

第二天早上，他果然复原了。可是，使他复原的不是芥末膏药，而是一个带回李将军降书的骑兵。

“当那个军官（带着那封信）到我面前时，”格兰特写道，“我的头还疼得很厉害，可是我看了那封信后，立刻就好了。”

显然，格兰特是因为忧虑、紧张和情绪上的不安才生病的。一旦在情绪上恢复了自信，想到胜利，病就马上好了。

在罗斯福内阁中担任财政部长的亨利·莫建索在他的日记里写道：“罗斯福为了提高小麦价格，一天之内购买了440万蒲式耳的小麦，这使我非常担心。在这件事没有结果之前，我觉得头晕眼花。回到家里，我在午饭后睡了两小时。”

假如我想看看忧虑对人会有什么影响，那我不必到图书馆找文字记载，而只需坐在家里望望窗外，就会发现那座楼房里有个人已经因为忧虑患了糖尿病，另一间房子里有个人精神已经崩溃。

著名法国哲学家蒙田在被推选为家乡的市长时曾对市民说：“我愿意用我的双手来处理你们的事务，但不想把它们搞到我的肝和肺里。”

康乃尔大学医学院的罗素·西基尔博士是世界著名的关节炎治疗权威，他列举了四种最容易得关节炎的情况：

一、婚姻破裂。

二、财务上遇到难关。

三、寂寞和忧虑。

四、长期的愤怒。

当然，这些不是得关节炎的唯一成因，但它们是最常见的成因。我的一个朋友在经济萧条时遭到很大损失，煤气公司停止向他供应煤气，银行没收了他抵押的房产。他的夫人便患了关节炎，发病突然，多方治疗仍不见效，直到他的经济状况好转，她的病才算康复。

忧虑甚至会使你患龋齿。威廉·麦克高陵格博士在全美牙医协会的一次演讲中说："由于焦虑、恐惧等产生的不快情绪，可能影响到人的钙质平衡，使牙齿容易受蛀。"麦克高陵格博士谈到他有位病人过去牙齿很好，后来他的妻子得了急病，使他开始担心起来。就在他妻子住院的那三个星期中，他突然有了九颗蛀牙——都是由于焦虑引起的。

甲状腺原来是应该使身体规律化的，一旦反常后，心跳就会加快，整个身体就会亢奋得像一个打开所有炉门的火炉，若不动手术或不加以治疗的活，病人就很可能死掉，很可能"把他自己烧干"。

前不久，我陪一位得这种病的朋友到费城找主治这种病38年的著名专家西伊士内·布南博士治病。他候诊室的墙上挂着一块大木牌，上面写着他给病人的忠告：

轻松和享受

最能使你轻松愉快的是：

健全的信仰、睡眠、音乐和欢笑。

对上帝要有信心——

要学得能睡得安稳——

喜欢动听的音乐——
幽默地看待生活——
健康和欢乐就会属于你。

他向我的朋友提出的第一个问题就是“你情绪上有什么问题使你产生这种情况?”他警告我的朋友，如果继续忧虑下去，就可能染上其他的并发症或心脏病、胃溃疡或者糖尿病。这位名医说：“所有这些疾病，都互相有亲戚关系，甚至是近亲——它们都是因忧虑而产生的。”

女明星曼儿奥白朗告诉我，她绝对不会忧虑，因为忧虑会摧毁她在银幕上的主要资金——美貌。她告诉我说：“我刚开始打进影坛时，既担心又害怕。我刚从印度回来，在伦敦没有一个熟人。我见过几个制片人，没有一个肯起用我。我仅有的一点儿钱渐渐用光了，整整两个星期，我只靠一点饼干和水充饥。我对自己说：‘也许你是个傻子，你永远也不可能闯进电影界。你没有经验，没演过戏，除了一张漂亮的脸蛋，你还有些什么呢?’”

“我照了照镜子。”突然发觉到忧虑对我容貌的影响。看见忧虑造成的皱纹，看见焦虑的表情，我对自己说：“你必须立即停止忧虑。你能奉献的只有容貌，而忧虑会毁掉它的。”

没有什么会比忧虑令女人老得更快，并能摧毁她的容貌的了。忧虑会使我们的表情难看，会使我们咬紧牙关，会使我们脸上出现皱纹，会使我们总显得愁眉苦脸，会使我们头发灰白，甚至脱落，会使你脸上出现雀斑、溃烂和粉刺。

心脏病是当今美国头号刽子手。第二次世界大战期间，大约有30几万人死在战场上；可在同一时期内，心脏病却杀死了200万平民——其中100万人的心脏病是因忧虑和生活过度紧张引起的。死于心脏病的医生比农民多20倍，因为医生过的是紧张的生活。

威廉·詹姆斯说：“上帝可能原谅我们所犯的错，可我们自己的神经系统却不会原谅。”

这是一件令人吃惊而且难以置信的事实：每年死于自杀的人，比死于种种常见传染病的还要多。

为什么会如此呢？答案通常都是“因为忧虑”。

古时候，残忍的将军折磨俘虏时，常常把俘虏的手脚绑起来，放在一个不住地往下滴水的袋子下面。水滴着，滴着，夜以继日，最后，这些不停地滴落在头上的水，变成似乎是槌子在敲击的声音，使那些俘虏精神失常。这种折磨的办法，西班牙宗教法庭和纳粹德国集中营都曾使用过。

忧虑就像不停地往下滴的水，而那不停地往下滴、滴、滴的水，通常会使人精神失常以至自杀。

我小时候听牧师形容地狱的烈火曾吓得半死，可是他却从来没有提到，我们此时此地由忧虑带来的生理痛苦的地狱烈火。比如说，如果你长期忧虑下去的话，你总有一天会得到最痛苦的病症：狭心症。

啊，要是发作起来，会使你痛得尖叫。与你的尖叫比起来，但丁的《地狱篇》听起来简直是“儿童玩具园”了。到那时，你就会对自己说：“噢，上帝啊！要是我能好的话，我永远也不会再为任何事忧虑了——永远也不会了。”

你爱生命吗？你想健康、长寿吗？下面就是你能做到的方法。我引用亚力西斯·柯瑞尔博士的一句话：“在现代城市的混乱中，只有能保持内心平静的人才不会变成神经病。”

你能否在现代城市的混乱中保持自己内心的平静呢？如果你是个正常人，答案应该是：“可以的”“绝对可以”。我们大多数人，实际上都比我们所认识的更坚强。我们有许多从来没有发现的内在力量，正如梭罗在他的不朽名著《狱卒》中所说的：“我不知道有什么会比一个人能下定决心提高他的生活能力更令人振奋的了。如果一个人能充满信心地朝他理想的方向努力，下定决心过他所想过的生活，他就一定会得到意外的成功。”

我相信很多读者都会有像欧嘉·佳薇的那种意志力和内在的力量。她住在爱达荷州，在最悲惨的情况下，发现自己还能够克服忧虑。

“八年半前，医生宣告我将不久于人世，会很慢、很痛苦地死于癌症。国内最有名的医生梅育兄弟证实了这个诊断。我走投无路，死亡就要扑向我。我还年轻，我不想死。绝望之余，我给我的医生打电话，告诉他我内心的绝望。他有些不耐烦地拦住我说：‘欧嘉，你怎么了？难道你一点斗志也没有了吗？你要是一直这样哭下去，毫无疑问，你一定会死的。不错，你确实是碰上了最坏的情况。要面对现实，不要忧虑，然后再想点办法。’就在那一刹那，我发了一个誓，我的态度严肃得指甲都深深地掐进肉里，而且背上一阵发冷：‘我不会再忧虑了，我不会再哭泣了。如果还有什么需要我常常想起的，那就是我一定要赢，我一定要活下去！’

“在不能用镭照射的情况下，每天只能用 X 光照射十分半钟，连续照 13 天。但医生每天为我照 14 分半钟，连续照了 49 天。虽然我的骨头在我消瘦的身体上犹如荒山边上的岩石，虽然我的两脚重得像铅块，我却不忧虑，也没哭过一次。我面带微笑，不错，我的确是勉强自己微笑。

“我不会傻到以为只要微笑就能治疗癌症。可我确信，愉快的精神状态将有助于抵抗身体的疾病。总之，我经历了一次治愈癌症的奇迹。在过去的几年里，我从未像现在这么健康过，这都多亏了这句富于挑战性和战斗性的话：‘面对现实不要忧虑，然后再想点办法。’”

在这一章结束的时候，我要再重复一次亚力西斯·柯瑞尔博士的那句话：“不知道怎样抗拒忧虑的人，都会短命。”

我希望这本书的每一个读者都能把这句话记在心中。

柯瑞尔博士是否在说你呢？很可能是的。

本章小结

抗拒忧虑应该知道的几个基本规则：

规则一：如果你想避免忧虑，就照威廉·奥斯勒博士的话，生活在“完全独立的今天”里，不要为未来担忧，只要好好过今天这一天。

规则二：下次你再碰上麻烦，不论大小——而被逼在一个角落的时候，试试威利·卡瑞尔的万灵公式：

（1）问你自己：“如果我不能解决我的困难，可能发生的最坏情况是什么？”

（2）自己先做好接受最坏情况的心理准备——如果必要的话。

（3）镇定地去改善最坏的情况——也就是你已经在精神上决定可以接受的那种。

规则三：常常提醒自己，忧虑会使你付出自己的健康，“不知道怎样抗拒忧虑的人，都会短命”。

第二章　分析忧虑的方法

第一节　解开忧虑之谜

如果我们把忧虑的时间用来分析和看清事实，那么忧虑就会在我们智慧的光芒下消失。

前面提到的威利·卡瑞尔的万能公式，能否解决所有令你忧虑的问题呢？当然不可能。

那么应该怎么办呢，答案是：我们一定要掌握以下三个分析问题的基本步骤，来解决各种不同的困难。这三个步骤是：

一、看清事实。

二、分析事实。

三、做出决定，然后照办。

太简单了吧？不错，这是亚里士多德教的，他也使用过。我们如果想解决那些逼迫我们、使我们像日夜生活在地狱一般的忧虑问题，我们就必须运用它。

我们先来看第一条：看清事实。看清事实为什么如此重要呢？因为除非我们能把事实看清楚，否则就不能很聪明地解决问题。看不清事实，我们就只能在混乱中摸索，这是已故的哥伦比亚大学、哥伦比亚学院院长郝伯特·赫基斯所说的，他曾协助过20万个学生消除忧虑。他告诉我说："混乱是产生忧虑的主要原因。"他说，世界上的忧虑，大多数是因为人们没有足够的知识做出决定而产生的。"比如说，我有一个问题必须在下星期二以前解决，那么在下星期二之前，我根本不会试图做出什么决定。在这段时间里，我只是集中精力去寻找有关这个问题的所有事实，因此我不会忧虑，不会失眠。等到星期二，如果我已经看清了所有的事实，一般说来，问题本身就会迎刃而解了。"

我问赫基斯院长，这是否表明他已完全摆脱忧虑？他说："是的，我想我现在生活里完全没有忧虑。我发觉，一个人如果能够把他所有的时间都花在以一种很超然、很客观的态度去看清事实，他的忧虑就会在他知识的光芒下消失得无影无踪。"

可是我们大多数人会怎样做呢？如果我们一直假定二加二等于五，那不是连做一道二年级的算术题也有困难了吗？可是事实上世界上有很多很多人，硬是坚持说二加二等于五——或者是等于五百——害得自己和别人的日子都很不好过。

对此，我们能怎么办呢？我们得把感情成分摒弃于思想之外，就像郝基斯院长所说的。我们必须以"超然、客观"的态度去认清事实。人们忧虑的时候，往往情绪激动。不过，我找到两个办法，它们有助于我们以清晰客观的态度看清所有的事实：

一、在收集事实时，我假装不是在为自己，而是在为别人。这样就可以保持冷静而超然的态度，也可以帮助自己控制情绪。

二、在收集造成忧虑的各种事实时，我也收集对自己不利的事实——那些有损我的希望和我不愿意面对的事实。

然后，我把这一边和另外一边的所有事实都写出来——而真理就在这两极的中间。

这就是我要说明的要点：如果不先看清事实的话，你、我、爱因斯坦，甚至美国最高法院，也无法对任何问题做出很聪明的决定。爱迪生很清楚这一点，他死后留下了2500本笔记本，里面记满了他面临各种问题的事实。

所以，解决我们问题的第一个办法是：看清事实。在没有以客观态度收集全部事实之前，不要先考虑如何解决问题。

不过，即使把全世界所有的事实都收集起来，如果不加以分析，对我们也没有丝毫好处。

根据我个人的体会，先把所有的事实写下来，再做分析，事情就会容易得多。实际上，单是在纸上把问题明明白白地写出来，就可能有助于我们做出一个合理的决定。正如查尔斯·吉特林所说的："只要能把问题讲清楚，问题就已经解决了一半。"

就拿格兰·里区菲来说——他是一个在远东地区非常成功的美国商人。1942年，日军侵入上海，里区菲先生正在中国。他告诉我说："日军轰炸珍珠港后不久就占领了上海。我当时是上海亚洲人寿保险公司的经理。日军派来一个所谓'军方的清算员'——实际上他是个海军上将——命令我协助他清算我们的财产。我一点办法也没有，要么就和他们合作，要么就是死路一条。

"我开始遵命行事，因为我别无他法。不过有一笔大约75万美元的保险费，我没有填在那张要交出去的清单上，因为这笔钱用于我们的香港公司，跟上海公司的资产无关，不过，我还是怕万一日本人发现此事，我的处境会非常不利。他们果然很快就发现了。

“他们发现时我不在办公室，我的会计主任在场，他告诉我说，那个日本海军上将大发脾气，拍桌子骂人，说我是个强盗，是个叛徒，说我侮辱了日本皇军。我知道这是什么意思，我知道我会被他们抓进宪兵队去。

“宪兵队，就是日本秘密警察的行刑室。我有几个朋友就是宁愿自杀也不愿意被送到那个地方去。有些朋友在那里被审训了十天，受尽苦刑，惨死在那个地方。现在我自己也要进宪兵队了。

“星期天下午听到这个消息后，我非常紧张。多年来，每当我担心的时候，总坐在打字机前，打下两个问题及其答案。两个问题是：

一、我担心的是什么？

二、我该怎么办？

“过去我都不把答案写下来，只在心里琢磨。后来我发现同时把问题和答案都写下来，能使思路更加清晰。所以，在那个星期天下午，我直接回到上海基督教青年会的住处，取出我的打字机，打下：

一、我担心的是什么？

我怕明天早上会被关进宪兵队里。

二、我该怎么办呢？

“我花了几个小时想这个问题，写下了四种可能采取的行动以及后果。

（1）我可以去向日本海军上将解释。可是他‘不懂英文’，如果找个翻译来跟他解释，会使他更加恼火，我就只有死路一条了。

（2）我可以逃走。这点是不可能的，他们一直在监视我，如果打算逃走的话，很可能被他们抓住而枪毙掉。

（3）我可以留在我的房间里不再去上班。但如果我这样做，那个海军上将很可能会起疑心，也许会派兵来抓我，根本不给我说话的机会就把我关进宪兵队了。

（4）星期一早上，我照常上班。那个海军上将可能正在忙着，忘掉了那件事。即使他还记得，也可能已经冷静下来，不再找麻烦。即使他来吵，我仍然还有机会解释。

“我前思后想，决定采取第四个办法——像平常一样星期一早上去上班，然后，我松了口气。

“第二天早上我走进办公室时，那个日本海军上将就坐在那儿，叼根香烟，像平常一样地看了我一眼，什么话也没说。六个星期后，他被调回东京，我的忧虑就此告终。

“这完全归功于那个星期天下午我坐下来写出各种不同的情况及其后果，然后镇定地做出决定。如果我当时迟疑不决、心乱如麻，就会在紧要关头走错一步。仅是满面惊慌和愁容就可能引起那个日本海军上将的疑心，促使他采取行动。

“采取以下四个步骤，就能消除我百分之九十的忧虑：

一、清楚地写下我所担心的是什么？

二、写下我可以怎么办？

三、决定该怎么办？

四、马上就照决定去做。”

格兰·里区菲诚恳地告诉我：他的成功应归功于这种分析忧虑、正视忧虑的方法。

他的方法为什么这么好呢？因为它有效而又直攻问题的核心。而最重要的是第三步，也是最不可缺少的一步。决定该怎么做，除非我们能够立即采取行动，否则我们收集事实和加强分析都失去了作用——变得纯粹是一种精力的浪费。

威廉·詹姆斯说："一旦做出决定，当天就要付诸实施，同时要完全不理会责任问题，也不必关心后果。"（在这种情况下，他无疑把"关心"当作是"焦虑"的同义词。）他的意思是，一旦你以事实为依据，做出一个很谨慎的决定，就立即付诸行动，不要停下来再重新考虑，不要迟疑、担忧和犹豫；不要怀疑自己；不要回头看。

我问一位俄克拉荷马州成功的石油商人怀特·菲利浦，如何把决心付诸行动。他回答说："我发现，如果超过某种限度，还一直不停地思考问题，一定会造成混乱和忧虑。当调查和多加思考对我们无益的时候，也就是我们该下决心、付诸行动、不再回头的时候。

你何不马上利用格兰·里区菲的方法来解除你的忧虑呢？

第一个问题——我担忧的是什么？

第二个问题——我能怎么办？

第三个问题——我决定怎么做？

第四个问题——我什么时候开始做？

第二节　如何减少工作上的忧虑

我们常花一两个小时开会讨论问题，却没有人明白真正的问题是什么。

如果你是个生意人，也许会认为："这个标题真荒谬。我干这行已经十几年了，居然有人想要告诉我怎么消除生意上百分之五十的麻烦——简直是荒谬绝伦。”

这话一点也不错。如果我在几年前看到这样的标题，也会有这样的感觉。这个标题好像能帮助你，实则不值一文。

让我们开诚布公吧。也许我的确不能帮你解决生意上百分之五十的忧虑，从我刚才分析的结果来看，除了你自己，没有人能做到这一点。可是，我所能做到的是，让你看看别人是怎样做的，剩下的就要看你了。

前面曾经提过世界著名的亚力西斯·柯瑞尔博士的这句话，“不知道怎样克服忧虑的人，都会短命。”

既然忧虑的后果如此严重，那么，如果我能帮助你消除——即使是其中的百分之十，你也许会满意。我下面就要告诉你，一位企业家如何不只消除了他百分之五十的忧虑，还节省了百分之七十过去用于开会、用于解决生意问题的时间。

当然，我不会告诉你那些根本无法证实的事情，这件事情的主角是一个活生生的人——里昂·胥孟津。多年来，他一直是西蒙出版社几个高层的主管之一，曾任纽约州纽约市袖珍图书公司的董事长。

下面就是他的经验：

“15 年来，我几乎每天都要花一半的时间开会和讨论问题。会上大家很紧张，坐立不安、走来走去，彼此辩论、绕圈子。一天下来，我感到筋疲力尽。如果有人对我说我可以减去开会时间的四分之三，可以消除四分之三的神经紧张，我一定会认为他是痴人说梦。可是我却制订出一个恰好能做到这一点的方案。这个办法我已经用了八年。对我的办事效率、我的健康和我的快乐，都有意想不到的好处。

“下面就是我的秘诀：第一、我立即停止 15 年来我们会议中所使用的程序——我那些很恼火的同事先把问题的细节报告一遍，然后再问：‘我们该怎么办？’第二、我订下一个新的规矩——任何一个想要把问题问我的人必须先准备好一份书面报告，回答以下四个问题：

一、究竟出了什么问题？

（‘以前我们常常花上一两个小时，还没人弄清楚真正的问题在哪里。’）

二、问题的起因是什么？

（‘我吃惊地发现我浪费了很多时间，却没能清楚地找出造成问题的基本情况是什么。’）

三、这些问题可能有哪些解决办法？

（‘过去，在会上一个人建议采用一种方法，另一个人会跟他辩论。辩论常常跑题，开完会也拿不出几种办法。’）

四、你建议用哪种办法？

（‘过去开会总是花几个小时为一种情况担心，不断地绕圈子，从未想这所有可行的方法，然后写下来：这是我建议的解决方案。’）

“现在，我的部下很少把问题拿上来了。因为他们发现，在认真地回答了上述四个问题之后，最妥当的方案就会像面包从烤箱中自动跳出来一样。即使非讨论不可，所花时间也不过是过去的三分之一，因为讨论的过程有条理而且合乎逻辑，最后都能得到很明智的结论。”

法兰克·毕吉尔，这位美国保险业的巨子，运用类似方法，不仅消除了烦恼，而且增加了收入。他说：“我刚开始推销保险的时候，对自己的工作充满了热情。后来发生了一点事，使我非常气馁。我开始看不起我的职业，几乎都要辞职了——可是我突然想到一件事，在一个星期六的早晨，我坐下来，想找出我忧虑的根源。

“一、我首先问自己：‘问题到底是什么？’我的问题：我拜访过那么多人，成绩却不理想。我和顾客谈得好好的，可最后快要成交时，他们就对我说：‘我再考虑考虑，下次来再说吧。’我又得花时间去找他，使我觉得很颓丧。

“二、我问自己：‘有什么可行的解决办法？’回答之前，我当然得先研究一下过去的情况。我拿出过去 12 个月的记录本，仔细看看上面的数字。

“我吃惊地发现，我所卖的保险有百分之七十是在第一次见面成交的；另外有百分之二十三是在第二次见面成交的；只有百分之七是在第三、第四、第五次……才成交。实际上，我的工作时间几乎有一半都浪费在那百分之七的业务上了。

“三、那么答案是什么呢？很明显：我应该立刻停止第二次以后的拜访，空出的时间用于寻找新的顾客。结果令人大吃一惊：在很短的时间内，我就把平均每次赚 2.70 美元钱的成绩提高到了 4.27 美元。”

法兰克·毕吉尔现在每年接进的保险业务都在 100 万美元以上。可是他曾经想放弃他那份职业，几乎就要承认失败。结果呢，分析问题使他走上成功之路。

下面再列一下这几个问题，看看你是否也能应用它们：

一、问题是什么？

二、问题的成因是什么？

三、可能解决问题的方法有哪些？

四、你建议用哪一种方法？

本章小结

分析忧虑的基本规则：

规则一：收集事实。

记住郝基斯院长所说的：“世界上的忧虑，一半是因为人们在还没有足够的知识来做决定之前，就想做决定。”

规则二：在仔细权衡所有事实之后，再做决定。

规则三：一旦很谨慎地做出决定，就要立即行动去实现，不要为结果担忧。

规则四：当你或你的同事为某个问题忧虑时，请写出下列问题和答案：

（1）问题是什么？

（2）问题的起因是什么？

（3）所有可能解决的方法是什么？

（4）最好的解决方法是什么？

第三章　改掉忧虑的习惯

第一节　把忧虑从你的思想中赶走

在图书馆、实验室从事研究工作的人，很少因忧虑而精神崩溃，因为他们没有时间去享受这种“奢侈”。

我班上有个叫马利安·道格拉斯的学生告诉我说，他家里曾遭受过两次不幸。第一次，他失去了5岁的女儿，一个他非常钟爱的孩子。他和妻子都以为他们没有办法忍受这个打击。更不幸的是，“十个月后，我们又有了另外一个女儿——而她仅仅活了五天。”

这接二连三的打击使人几乎无法承受，这位父亲告诉我们：“我睡不着，吃不下，无法休息或放松，精神受到致命的打击，信心丧失殆尽。吃安眠药和旅行都没有用，我的身体好像被夹在一把大钳子里，而这把钳子愈夹愈紧。

“不过，感谢上帝，我还有一个四岁的儿子，他教给我们解决问题的方法。一天下午，我呆坐在那里为自己难过时，他问我：‘爸爸，你能不能给我造一条船?’我实在没兴趣，可这个小家伙很缠人，我只得依着他。

“造那条玩具船大约花费了我三个小时，等做好时我才发现，这三个小时是我许多天来第一次感到放松的时刻。

“这一发现使我大梦方醒，使我几个月来第一次有精神去思考。我明白了，如果你忙着做费脑筋的工作，你就很难再去忧虑了。对我来说，造船就把我的忧虑整个冲垮了，所以我决定使自己不断地忙碌。

“第二天晚上，我巡视了每个房间，把所有该做的事情列成一张单子。有好些小东西需要修理，比方说书架、楼梯、窗帘、门把、门锁、漏水的龙头等等。两个星期内，我列出了242 件需要做的事情。

“从此，我使我的生活中充满了启发性的活动：每星期两个晚上我到纽约市参加成人教育班，并参加了一些小镇上的活动。现在任校董事会主席，还协助红十字会和其他机构募捐，我现在忙得简直没有时间去忧虑。”

没有时间忧虑，这正是丘吉尔在战事紧张到每天要工作18 个小时时说的。当别人问他是不是为那么重的责任而忧虑时，他说：“我太忙了，我没有时间忧虑。”

查尔斯·柯特林在发明汽车自动点火器时，也碰到这种事情。

柯特林先生一直是通用公司的副总裁，负责世界知名的通用汽车研究公司，可是，当年他却穷得要用谷仓里堆稻草的地方做实验室。家里的开销全靠他妻子教钢琴的 1 500 美元酬金。我问他妻子在那段时间是否很忧虑，她说：“是的，我担心得睡不着。可是柯特林先生一点也不担心，他整天埋头工作，没有时间忧虑。”

伟大的科学家巴斯特曾说："在图书馆和实验室能找到平静。"因为在那里，人们都埋头工作，不会为自己担忧。做研究工作的人很少有精神崩溃的，因为他们没有时间来享受奢侈。

心理学有一条最基本的定理：不论一个人多聪明，都不可能在同一时间内想一件以上的事情。如果你不相信，请靠坐在椅子上闭起双眼，试着同时去想自由女神和你明天早上准备做的事情。

你会发现你只能轮流想其中的一件事，而不能同时想两件事情，你的情感也是如此。我们不可能既激动、热诚地想去做一些很令人兴奋的事情，又同时因为忧虑而拖延下来，一种感觉会把另一种感觉赶出去。这个简单的发现，使军队的心理治疗专家在战争中能创造这方面的奇迹。

一些从战场上退下来的人常患有"心理上的精神衰弱症"，军医就用"让他们忙着"来治疗。除睡觉外，每一分钟都让他们活动：钓鱼、打猎、打球、拍照、种花以及跳舞等，根本不让他们有时间去回想他们那些可怕的经历。

"职业性的治疗"是近代心理疗法所用的名词，也就是把工作当作治病的药。在公元前500年，古希腊的医生就已经采用这种方法了。

富兰克林时代的费城教友会也用这种办法。1774年有人去参观教友会的疗养院，发现那些精神病患者正忙着纺纱织布后很吃惊，他认为病人在被迫劳动——后来教友会的人向他解释说，他们发现那些病人只有在工作时，病情才能真正有所好转，因为工作能安定神经。

著名诗人亨利·朗费罗年的妻子不幸由烧伤而去世后，他几乎发疯。幸好他有三个幼小的孩子需要他照料。父兼母职，他带他们散步，给他们讲故事，和他们一起嬉戏，并把他们父子间的感情永存在《孩子们的时间》一诗里。他还翻译了但丁的《神曲》。忙碌使他重新得到了思想的平静。就像班尼生在最好的朋友亚瑟·哈兰死的时候曾经说的："我一定要让自己沉浸在工作里，否则我就会因绝望而烦恼。"

我们不忙的时候，头脑里常常会成为真空。这时，忧虑、恐惧、憎恨、嫉妒和羡慕等情绪就会填充进来，进而把我们思想中平静的、快乐的成分都赶出去。

对大多数人来说，在做日常工作、忙得团团转的时候，"沉浸在工作中"大概不会有多大问题。可是，下班之后——就在我们能自由自在地享受悠闲和快乐的时候——忧虑的恶魔就会开始向我们进攻。这时候，我们常常开始想，我们的生活中有哪些成就，我们的工作有没有走上正轨，上司今天说的那句话是否有"特殊的含义"，或者，我们的头发是否开始秃了……

我们不忙的时候，头脑里常常出现真空状态。每一个学物理的学生都知道，"自然界中没有真空状态。"一个白热的灯泡一打破，空气就立刻钻进去，填上理论上说来是真空的那一块空间。

你的头脑空闲下来也会有东西进去填充。是什么呢？通常都是你的感觉，为什么呢？因为忧虑、惧怕、憎恨、嫉妒和羡慕等等情绪，都是由我们的思想所控制的，它们会把我们思想中所有平静的、快乐的思想、情绪都赶出去。

詹姆斯·马歇尔是哥伦比亚师范学院教育学的教授，他在这方面说得很好："忧虑最能伤害你的时候，不是在你有所行动的时候，而是在一天的工作结束以后。这时你的想象力开始混乱，使你把每一个小错误都加以夸大。你的思想就像一辆没有装货的车子横冲直撞，撞毁一切，直至把自己也撞成碎片。消除忧虑的最好办法，就是让自己忙着干任何有意义的事情。”

不是大学教授的人也会明白这个道理，也能付诸实践。第二次世界大战时，我曾在大车上遇到了一对家住芝加哥的夫妇。他们告诉我，他们的儿子在珍珠港事变的第二天参加了陆军。那位夫人因为每天担心儿子的生命安全几乎到了损害自己身体健康的地步。

我问她，后来是怎么克服忧虑的呢？她回答说：“我让自己忙着。”

最初她把女佣辞退，想让自己忙家务，可没什么效果。“原因是，我做家务时基本上是机械化的，完全不用脑子。所以当我铺床、洗碟子的时候，还是一直担忧着。我发觉自己需要一个新的工作，使我在每天的每一个小时都让整个身心忙碌不停。于是我到一个大百货公司去做售货员。”

“这下好了，”她说。“顾客挤在我四周，问我价钱、尺寸、颜色等问题，没有一秒钟能让我去想工作以外的事情。晚上，我只想如何才能让双脚休息一下。每天吃完晚饭后，我倒头便睡，既没有时间，也没有体力再去忧虑。”

约翰·考伯尔·伯斯在《忘记不快的艺术》一书中说：

“舒适的安全感、内在的宁静和因快乐而反应迟钝的感觉，都能使人类在专心工作时精神镇静。”

世界著名的女冒险家奥莎·强生，15 岁结婚，25 年来，与丈夫一起周游世界各地，拍摄亚洲和非洲逐渐绝迹的野生动物的影片。九年前，他们回到美国，到处做旅行演讲，放映他们那些有名的电影。他们在飞往西岸时，飞机撞了山，她丈夫当场身亡，医生们说她永远不能再下床了。可是，三个月之后，她却坐着轮椅发表演讲。当我问她为什么这样做的时候，她说："我之所以这样做，是让我没有时间再去悲伤和担忧。"

海军上将拜德在覆盖着冰雪的南极小茅屋里单独住了五个月，方圆百里之内，没有任何一种生物存在。气候寒冷，连他的呼气都被冻住了。在《孤寂》一书中，他叙述了在既难熬又可怕的黑暗里所过的那五个月的生活，他必须忙个不停才不至于发疯。

他说："晚上熄灯之前，我就安排好第二天的工作。比如：一个小时去检查逃生的隧道，半个小时去挖坑，两个小时去修拖人用的雪橇……

"能把时间分开安排是非常有益的，它使我产生一种可以主宰自我的感觉。否则，日子就会过得没有目的。而没有目的，这些日子就会像平常一样，最后分崩离析。"

已故的原哈佛大学医学院教授理查·柯波特在他的《生活的条件》中指出："作为大夫，我很高兴看到工作可以治愈病人。他所染上的，是由于过分恐惧、迟疑、踌躇所带来的病症。而工作能带给人们勇气。"

要是我们不能一直忙着，而是坐着发愁。我们就会产生一大堆达尔文称之为"胡思乱想"的东西，而这些"胡思乱想"就像传说中的妖精，会掏空我们的思想，摧毁我们的意志。

我认识纽约的一个企业家，他用忙碌来赶走那些"胡思乱想"，使自己没有时间去烦恼和忧虑。他叫屈伯尔·郎曼，也是我成人教育班的学生。他征服忧虑的经历非常有意思，也非常特殊。所以，下课之后，我请他和我一起去吃夜宵，我们在一家餐厅中坐到深夜，谈着他的那些经历。下面就是他告诉我的一个故事：

“18 年前，我因忧虑过度而患失眠症。当时我精神非常紧张。脾气暴躁，而且很不稳定，我觉得我快要精神分裂了。

“我如此忧虑是有原因的。我当时是纽约皇冠水果制品公司的财务经理。我们投资了 50 万美元，把草莓包装在一加仑装的罐子里。20 年来，我们一直把这种一加仑装的草莓卖给制造冰淇淋的厂商。后来有段时间，我们的销售量大跌。那些大的冰淇淋制造商，像国家奶制品公司之类的，产量急剧增加。为了节省开支和时间，降低成本，他们都买 36 加仑一桶的桶装草莓。

“我们不仅无法销售 50 万美元的草莓，而且根据合同规定，在今后的一年之内，我们还必须继续购买价值 100 万美元的草莓。我们已经向银行借了 35 万美元，现在，既无法还清借债，也无法筹集到需要的款项，所以，我非常忧虑。

“我赶到我们在加利福尼亚州华生维里的工厂里，想要让我们的总经理知道情况有所改变，我们可能面临毁灭的命运。但他不肯相信，却把这些问题的全部责任都归罪于纽约的公司——那些可怜的业务人员身上。

“经过几天的请求之后，我终于说服他不再按旧的方式包装草莓，而把新的制品放到旧金山的新鲜草莓市场上卖。只有这样做，才能大致解决我们大部分问题。按说我不该再忧虑了，可是，我仍然无法做到这一点。忧虑是一种习惯，而我已染上了这种习惯。

“回到纽约之后，我又开始为每一件事担忧。对在意大利购买的樱桃、在夏威夷购买的凤梨等等，我都紧张不安，睡不着觉。就像我刚刚说过的那样，我简直就快要精神崩溃了。

“在绝望中，我换了一种崭新的生活方式，从而治好了我的失眠症，也使我不再忧虑。我尽量使自己忙碌，忙到我必须付出所有的精力和时间，以致没有时间去忧虑。过去，我每天工作七个小时，现在我开始每天工作 15 到 16 个小时。我每天清晨八点钟就到办公室。一直待到半夜。我承担新的任务，负起新的责任。等我半夜回到家的时候，总是筋疲力尽地倒在床上。很快便进入梦乡。

“这样过了差不多有三个月，我终于改掉忧虑的习惯，又重新回到每天工作七到八个小时的正常情形。这件事情发生在 18 年前，从那以后，我就没有再失眠和忧虑过。”

萧伯纳说得很好，他说：“让人愁苦的秘诀就是，有空闲时间来想想自己到底快活不快活。”所以不必去想它。让自己忙碌起来，你的血液就会开始循环，你的思想就会开始变得敏锐——让自己一直忙着，这是世界上最便宜的一种药，也是最好的一种。

要改掉你忧虑的习惯，第一条规则就是：

“让自己不停地忙着。忧虑的人一定要让自己沉浸在工作里，否则只有在绝望中挣扎。”

第二节　不要让小事使你垂头丧气

人活在世上只有短短几十年，却浪费了很多时间去发愁一些一年之内就会忘了的小事。

给你讲一个最富戏剧性的故事，主人叫罗勃·魔尔。

“1945年3月，我在中南半岛附近276尺深的海下，学到了一生中最重要的一课。当时，我正在一艘潜水艇上。我们从雷达发现一支日军舰队——一艘驱逐护航舰，一艘油轮和一艘布雷舰——朝我们这边开来。我们发射了三枚鱼雷，都没有击中。突然，那艘布雷舰直朝我们开来。（一架日本飞机，把我们的位置用无线电通知了它。）我们潜到150英尺深的地方，以免被它侦察到，同时做好应付深水炸弹的准备，还关闭了整个冷却系统和所有的发电机器。

“三分钟后，天崩地裂。六枚深水炸弹在四周炸开。把我们直压海底——276尺的地方，深水炸弹不停地投下，整整15个小时，有十几、二十个就在离我们50尺左右的地方爆炸——若深水炸弹距离潜水艇不到17尺的话，潜艇就会炸出一个洞来。当时，我们奉命静躺在自己的床上，保持镇定。我吓得无法呼吸，不停地对自己说：‘这下死定了。’潜水艇的温度几乎有100多度，可我却怕得全身发冷，一阵阵冒冷汗。15个小时后攻击停止了，显然，那艘布雷船用光了所有的炸弹后开走了。这15个小时，在我感觉好像有1500万年。我过去的生活一一在眼前出现，我记起了做过的所有的坏事和曾经担心过的一些很无聊的小事。我曾担忧过，没有钱买自己的房子，没有钱买车，没有钱给妻子买好衣服。下班回家，常常和妻子为一点小事吵架。我还为我额头上一个小疤——一次车祸留下的伤痕发过愁。

“多年之前，那些令人发愁的事，在深水炸弹威胁生命时，显得那么荒谬、渺小。我对自己发誓，如果我还有机会再看到太阳和星星的话，我永远不会再忧愁了。在这15个小时里，我从生活中学到的，比我在大学念四年书学到的还要多得多。”

我们一般都能很勇敢地面对生活中那些大的危机，却常常被一些小事搞得垂头丧气。拜德先生也发觉了这一点。他手下的人能够毫无怨言地从事危险而又艰苦的工作，“可是，我却知道，有好几个同房的人彼此不说话，因为怀疑别人把东西放乱，占了自己的地方。有一个讲究空腹进食细嚼健康法的家伙，每口食物都要嚼 28 次。而另一人一定要找一个看不见这家伙的位子坐着，才吃得下去饭。”

权威人士认为，“小事”如果发生在夫妻生活里，还会造成“世界上半数的伤心事”。芝加哥的约瑟夫·沙巴士法官，在仲裁过四万多件不愉快的婚姻案件之后说道：“婚姻生活之所以不美满。最基本的原因往往都是一些小事。”

罗斯福夫人刚结婚时“每天都在担心，因为她的新厨师做得很差。”可是如果事情发生在现在，“我就会耸耸肩膀把这事给忘了。”好极了，这才是一个成年人的做法。就连最专制的凯瑟琳女皇，对厨师做坏了饭也只是付之一笑。

一次，我们到芝加哥一个朋友家吃饭，分菜时他有些小事没有做好。大家都没在意，可是他妻子却马上当着大家的面跳起来指责他：“约翰，你怎么搞的！难道你就永远也学不会分菜吗？”她又对大家说：“老是一错再错，一点也不用心。”也许他确实没有做好，可我真佩服他能和他的妻子相处 20 年之久。说心里话，我宁愿只吃一两个抹上芥末的热狗——只要能吃得舒服——也不愿意一边听她啰嗦，一边吃北京烤鸭。

不久，我和妻子邀请了几个朋友来吃晚餐。客人快到时，妻子发现有三条餐巾和桌布颜色不配。她后来告诉我，“我发现另外三条餐巾送去洗了。客人已到门口，我急得差点哭了出来。我埋怨：‘为什么会有这么愚蠢的错误让它毁了我整个一晚上？’我突然想到，为什么要毁了我呢？我走进去吃晚饭，决心享用一番。我情愿让朋友们认为我是一个比较懒散的家庭主妇，也不愿意他们认为我是一个神经质的脾气不好的女人。而且，据我所知，根本没有一个人注意到那些餐巾。”

大家都知道：“法律不会去管那些小事。”人也不应该为这些小事忧愁。

实际上，要想克服一些小事引起的烦恼，只要把看法和重点转移一下就可以了——让你有一个新的、开心点的看法。

我的朋友作家荷马·克罗伊告诉我，过去他在写作的时候，常常被纽约公寓热水灯的响声吵得快要发疯。“后来，有一次我和几个朋友出去露营，当我听到木柴烧得很旺时的响声时，我突然想到：这些声音和热水灯的响声一样，为什么我会喜欢这个声音而讨厌那个声音呢，回来后我告诫自己：火堆里木头的爆裂声很好听，热水灯的声音也差不多。我完全可以蒙头大睡，不去理会这些噪音。结果，头几天我还注意它的声音，可不久我就完全忘记了它。”

很多小忧虑也是如此。我们不喜欢一些小事，结果弄得整个人很沮丧。其实，我们都夸张了那些小事的重要性。

狄士雷里说：“生命太短促了，不要再只顾小事了。”

“这些话，”安德烈·摩瑞斯在《本周》杂志中说，“曾经帮助我经历了很多痛苦的事情。我们常常因一点小事，一些本该不屑一顾的小事弄得心烦意乱。我们生活在这个世界上只有短短的几十年，而我们浪费了很多不可能再补回来的时间，去为那些一年之内就会忘掉的小事发愁。我们应该把我们的生活只用于值得做的行动和感觉上。去想伟大的思想，去体会真正的感情，去做必须做的事情。因为生命太短促了，不该再顾及那些小事。”

名人吉布林和他舅舅打了维尔蒙有史以来最有名的一场官

司。吉布林娶了一个维尔蒙的女子，在布拉陀布造了一所漂亮房子，准备在那安度余生。他的舅舅比提·巴里斯特成了他最好的朋友，他们俩一起工作，一起游戏。

后来，吉布林从巴里斯特手里买了一点地，事先商量好巴里斯特可以每季度在那块地上割草。一天，巴里斯特发现布吉林在那片草地上开了一个花园，他生起气来，暴跳如雷，吉布林也反唇相讥，弄得维尔蒙绿山上的天都黑了。

几天后，吉布林骑自行车出去玩时，被巴里斯特的马车撞在地上。这位曾经写过“众人皆醉，你应独醒”的人也昏了头，告了官，巴里斯特被抓了起来。接下去是一场很热闹的官司，结果使吉布林携妻永远离开了美国的家，而这一切，只不过为了一件很小的事——一车干草。

哈瑞·爱默生·富斯狄克讲过这样一个故事：在科罗拉多州长山的山坡上，躺着一棵大树的残躯。自然学家告诉我们，它曾经有过400多年的历史。在它漫长的生命里，曾被闪电击中过14次，无数次狂风暴雨侵袭过它，它都能战胜它们。但在最后，一小队甲虫的攻击使它永远倒在地上。那些甲虫从根部向里咬，渐渐伤了树的元气。虽然它们很小，却是持续不断的攻击。这样一个森林中的巨树，岁月不曾使它枯萎，闪电不曾将它击倒，狂风暴雨不曾将它动摇，却因一小队用大拇指和食指就能捏死的小甲虫，终于倒了下来。

我们不都像森林中那棵身经百战的大树吗，我们也经历过生命中无数狂风暴雨和闪电的袭击，也都撑过来了，可是却让忧虑的小甲虫咬噬——那些用大拇指和食指就可以捏死的小甲虫。

几年前，我和怀洛明州公路局局长查尔斯·西费德先生，以及其他朋友一起去参观洛克菲勒在提顿国家公园中的一栋房子。我的车转错了一个弯，晚到了一个小时。西费德先生没有钥匙，所以他在那个又热、又有好多蚊子的森林中等了整整一个小时。我们到的时候，在多得可以让圣人发疯的蚊子中，西费德先生正在吹一支折下的白杨树枝做成的小笛子，我把它拿来当作一个纪念品，纪念一个不在乎小事的人。

要在忧虑毁了你之前，先改掉忧虑的习惯，第二条规则就是：

“不要让自己因为一些应该丢开和忘掉的小事烦恼，要记住：生命太短促了。”

第三节　概率可以战胜忧虑

当我们怕被闪电击死，怕坐的火车翻车时，想一想发生的概率，会少得把我们笑死。

我小的时候，心中充满了忧虑。我担心会被活埋，我怕被闪电击死，还怕死后会进地狱。我怕一个叫詹姆怀特的大男孩会割下我的耳朵——像他威胁过我的那样，我怕女孩子在我脱帽向他们鞠躬时会取笑我，我怕将来没有一个女孩子肯嫁给我……我常常花几个小时想这些惊天动地的大问题。

日子一年年过去了，我发现我所担心的事情中有百分之九十九根本就不会发生。现在我知道，无论哪一年，我被闪电击中的机会，都只有三十五万分之一。而活埋，即使是在发明木乃伊以前的日子里——一千万个人里也只能有一个。

每八个人里就有一个人可能死于癌症。如果我一定要发愁的话，也应该为得癌症发愁——而不该去发愁被闪电击死或遭到活埋。

事实上，我们很多成年人的忧虑也同样的荒谬。如果我们根据概率评估一下我们的忧虑究竟值得不值得，我们十分之九的忧虑就会自然消除了。

全世界最有名的保险公司——伦敦罗艾德保险公司——就靠大家对一些根本很难得会发生的事情的担忧而赚进了几百万元。它是在和一般人打赌，只不过被称之为保险而已。实际上，这是以概率为根据的一种赌博。这家大保险公司已经有200年的良好历史了，它至少还可以继续维持5000年。而它只是将你保鞋子的险，保船的险，利用概率来向你保证那些灾祸发生的情况并不像一般人想象的那么常见。

如果我们查查概率，就常常会因我们所发现的事实而惊讶。比如，如果我知道在五年以内，我就得打一场盖茨堡战役那样激烈的仗，我一定会吓坏了。我一定会想尽办法去增加我的人寿保险费用；我会写下遗嘱，把我所有的财产变卖一空，我会说："我可能无法活着熬过这场战争。所以我最好痛痛快快地活着。"但事实上，50到55岁之间，每1 000人中死去的人数和盖茨堡战役里163 000士兵每1 000人中阵亡的人数相等。

一年夏天，我在加拿大落基山区弓湖的岸边遇到了何伯特·沙林吉夫妇。沙林吉夫人是一个很平静、很沉着的妇女，给我的印象是：她从来没有忧虑过。

一天晚上，我问她是不是曾因忧虑而烦恼过。"烦恼?"她说，"我的生活都差点被忧虑毁掉。在我学会征服忧虑之前，我在自作自受的苦海中生活了整整11年。那时我脾气不好，很急躁，生活在非常紧张的情绪之下。买东西时我都会发愁——也许房子烧了，也许佣人跑了，也许孩子们被汽车撞死了……我常因发愁弄得冷汗直冒，冲出商店，跑回家去，看看一切是否都好，难怪我的第一次婚姻没有好结果。

“我第二个丈夫是一个律师，也很文静，有分析能力，从不为任何事情忧虑。每当我紧张或焦虑的时候，他就对我说：‘不要慌，让我好好地想一想。’你真正担心的到底是什么呢？我们分析一下概率，看着这种事情是不是有发生的可能。

“记得有一次，我们在新墨西哥州的一条公路上遇到了一场暴风雨。

“道路很滑，车子很难控制。我想我们准会滑到路边的沟里去，可我丈夫一直对我说：‘我现在开得很慢，不会出事的。即使车子滑到沟里，我们也不会受伤。’他镇定的态度使我慢慢平静下来。

“还有一年夏天，我们到落基山区露营。一天晚上，我们把帐篷扎在海拔 7 000 英尺的地带，突然遇到了暴风雨。帐篷在大风中抖着、摇晃着，发出尖厉的叫声。我每分钟都想：帐篷要被吹垮了，要飞到天上去了。当时我真被吓坏了，可我丈夫不停地说：‘亲爱的，我们有几名印第安向导，他们对这儿了如指掌，他们在山里扎营已有六七十年了，从没发生过帐篷被吹跑的事。根据概率，今晚也不会吹跑帐篷。即使真吹跑了，我们也可以躲到别的帐篷里去，所以你不用紧张。’我放松了精神，结果那一夜睡得很安稳，而且什么事也没发生。

“‘根据概率，这种事情不会发生，’这句话摧毁了我百分之九十的忧虑，使我过去这 20 多年的生活过得十分美好而又平静。”

乔治·库克将军曾说过，“几乎所有的忧虑和哀伤，都是来自人们的想象而并非来自现实。”

当我回顾自己过去的几十年时，我发现我的大部分忧虑也是这样产生的。詹姆·格兰特告诉我，他的经验也是如此。每次当他从佛罗里达购买水果（如橘子）时，脑子里常有些怪念头，像“万一火车失事怎么办?”“万一水果滚得满地都是怎么办?”“万一我的车过桥时那桥忽然塌了怎么办?”虽然这些水果都保过险，但他仍然担心火车万一晚点，他的水果卖不出去，他甚至怀疑自己因为忧虑过度得了胃溃疡，因此去找医生检查。大夫告诉他，没有别的毛病，就是过于紧张了。“这时我才明白了真相。”他说，“我开始扪心自问：‘詹姆，这么多年来你处理过多少车水果。’答案是，‘大概 25 000 多车吧。’我又问：‘这么多年里有多少出过车祸?’答案是：‘噢——大概有五部。’我接着问：‘你知道这是什么意思吗？概率是五千分之一！那你还有什么好担心的呢?’

“然后我对自己说：‘桥说不定会塌的。’又问自己：‘过去你究竟有多少车是因桥塌而损失的?’答案是：‘一部也没有，’我对自己说：‘你为了一座从来也没有塌过的桥，为了五千分之一的火车失事，居然会愁得患上胃溃疡，不是太傻了吗?’

“从此，我发觉自己过去很傻。于是，我再也没有为‘胃溃疡’烦恼过了。”

埃尔·史密斯在纽约当州长时，常对政客说：“让我们看看纪录。”我们也可以学他的样子，查一查以前的纪录，看看我们这样忧虑到底有没有道理。这也正是当年佛莱德雷·马克斯塔特害怕他自己躺在坟墓里时所做的事情。

1944 年 6 月初，我躺在奥玛哈海滩附近的一个散兵坑里。我看着这个长方形的坑，对自己说：“这看起来就像一座坟墓。也许这就是我的坟墓呢。晚上 11 点，德军的轰炸机开始活动，炸弹纷纷落下，我吓得人都僵住了。前三天晚上我根本没合眼，到第四天和第五天夜里，我几乎精神崩溃。我知道要是我不赶紧想办法的话，我就会发疯。于是我提醒自己，已经过了五个晚上了，而我还活得好好的。而且这一组人都活得好好的，只有两个受了轻伤。而他们之所以受伤，并不是被德军的炸弹炸到，而是被我们自己的高射炮碎片击中。于是我在我的散兵坑上造了一个厚厚的木头屋顶，使我不至于被碎弹片击中。我告诫自己：'除非炸弹直接命中，否则我死在这个又深又窄的坑里几乎是不可能的。'接着我算出直接命中率不到万分之一。这样想了两三夜之后，我平静下来。后来就连敌机袭击的时候，我也能睡得很安稳。"

美国海军也常用概率所统计的数字来鼓励士气。曾当过海军的克莱德·马斯讲过这样一个故事，当他和他船上的伙伴被派到一艘油船上的时候，他们都吓坏了。这艘油轮运的都是高单位汽油，他们认为。如果油轮被鱼雷击中，他们必死无疑。可是，海军单位立即发出了一些很正确的统计数字，指出被鱼雷击中的 100 艘油轮里，有 60% 没有沉到海中。而沉下海的 40 艘里，也只有 5 艘是在不到 5 分钟的时间沉没的。"知道了这些数字之后，船上的人都感觉好多了，我们知道我们有的是机会跳下船。根据概率看，我们不会死在这里。"

要在忧虑毁了你之前，先改掉忧虑的习惯，第三条规则就是：

"让我们看着以前的纪录，让我们根据概率问问自己，我现在担心会发生的事，可能发生的机会究竟有多大？"

第四节　要适应无法避免的事实

对必然的事轻快地接受，就像杨柳承受风雨、水接受一切容器，我们也要承受一切事实。

我小时候，有一天和几个朋友在一间荒废的老木屋的阁楼上玩。在从阁楼往下跳的时候，我左手食指上的戒指勾住了一根钉子，把我整根手指拉掉了。当时我疼死了，也吓坏了。等手好了以后，我没有烦恼。接受了这个本可避免的事实。

现在，我几乎根本就不会去想，我的左手只有四个手指头。

我常常想起刻在荷兰首都阿姆斯特丹一间 15 世纪教堂废墟上的一行字："事情是这样，就不会是别的样子。"

在漫长的岁月中，你我一定会碰到一些令人不快的情况，它们既是这样，就不可能是别样，我们也可以有所选择。我们可以把它们当作一种不可避免的情况加以接受，并适应它；或者，我们让忧虑毁掉我们的生活。

下面是我喜欢的哲学家威廉·詹姆斯所给的忠告："要乐于承认事情就是如此。能够接受发生的事实，就是能克服随之而来的任何不幸的第一步。"俄勒冈州的伊丽莎白·康黎经过许多困难，终于学到了这一点。

"在庆祝美军在北非获胜的那天，我被告知我的侄子在战场上失踪了。后来，我又被告知，他已经死了。

“我悲伤得无以复加。在此之前，我一直觉得生活很美好。我热爱自己的工作，又费劲儿带大了这个侄子。在我看来，他代表了年轻人美好的一切。我觉得我以前的努力，现在正在丰收。现在，我整个世界都粉碎了，觉得再也没有什么值得我活下去了。我无法接受这个事实，悲伤过度，决定放弃工作，离开家乡，把我自己藏在眼泪和悔恨之中。

“就在我清理桌子准备辞职的时候，突然看到一封我已经忘了的信——几年前我母亲去世后这个侄子寄来的信。那信上说：‘当然，我们都会怀念她，尤其是你。不过我知道你会支撑过去的。我永远也不会忘记那些你教我的美丽的真理，永远都会记得你教我要微笑。要像一个男子汉，承受一切发生的事情。’

“我把那封信读了一遍又一遍，觉得他似乎就在我身边，仿佛对我说：‘你为什么不照你教给我的办法去做呢？支撑下去，不论发生什么事情，把你个人的悲伤藏在微笑下，继续过下去。’

“于是，我一再对自己说：‘事情到了这个地步，我没有能力去改变它，不过我能够像他所希望的那样继续活下去。’我把所有的思想和精力都用于工作，我写信给前方的士兵——给别人的儿子们；晚上，我参加了成人教育班——找出新的兴趣，结交新的朋友。我不再为已经永远过去的那些事悲伤，现在的生活比过去更充实、更完整。”

已故的乔治五世，在他白金汉宫的房里挂着下面这几句话，“不要为月亮哭泣，也不要因事后悔。”

叔本华也说：“能够顺从，就是你在踏上人生旅途中最重要的一件事。”

显然，环境本身并不能使我们快乐或不快乐，而我们对周围环境的反应才能决定我们的感觉。

必要时，我们都能忍受灾难和悲剧，甚至战胜它们。我们内在的力量坚强得惊人，只要我们肯加以利用，它就能帮助我们克服一切。

已故的布斯·塔金顿总是说：“人生的任何事情，我都能忍受，只除了一样，就是瞎眼。那是我永远也无法忍受的。”

然而，在他六十多岁的时候，他的视力减退，一只眼几乎全瞎了，另一只眼也快瞎了。他最害怕的事终于发生了。

塔金顿对此有什么反应呢？他自己也没想到他还能觉得非常开心，甚至还能运用他的幽默感。当那些最大的黑斑从他眼前晃过时，他却说：“嘿，又是老黑斑爷爷来了，不知道今天这么好的天气，它要到哪里去？”

塔金顿完全失明后，他说：“我发现我能承受我视力的丧失，就像一个人能承受别的事情一样。要是我五个感官全丧失了。我也知道我还能继续生活在我的思想里。”

为了恢复视力，塔金顿在一年之内做了 12 次手术，为他动手术的就是当地的眼科医生。他知道他无法逃避，所以唯一能减轻他受苦的办法，就是爽爽快快地去接受它。他拒绝住在单人病房，而住进大病房，和其他病人在一起。他努力让大家开心，动手术时他尽力让自己去想他是多么幸运。“多好呀，现代科技的发展，已经能够为像人眼这么纤细的东西做手术了。”

一般人如果要忍受 12 次以上的手术和不见天日的生活，恐怕都会变成神经病了。可是这件事教会塔金顿如何忍受，这件事使他了解，生命所能带给他的，没有一样是他能力所不及而不能忍受的。

我们不可能改变那些不可避免的事实，可是我们可以改变自己，我自己就试过。

一次，我拒绝接受我所碰到的一个不可避免的情况，结果，我好几夜失眠，痛苦不堪。我让自己想起所有不愿意想的事，经过一年这样的自我虐待，我终于接受了我早就知道的不可能改变的事实。

我应该在好几年前，就吟出惠特曼的诗句：

哦，
要像树和动物一样，
去面对黑暗、暴风雨、饥饿、愚弄、意外和挫折。

我并不是说，碰到任何挫折时，都应该低声下气，那样就成为宿命论者了。不论在哪种情况下，只要还有一点挽救的机会，我们就要奋斗。可是当常识告诉我们，事情是不可避免的——也不可能再有任何转机——那么，为了保持理智，我们就不要“左顾右盼，无事自忧”。

已故的哥伦比亚大学郝基斯院长告诉我，他曾经作过一首打油诗当作座右铭：

天下疾病多，
数也数不清。
有的可以救，
有的治不好。
如果还有救，
就该把药找。
要是没法治，
干脆就忘掉。

写这本书的时候，我曾采访过一些美国著名的商人。给我印象最深的是，他们大都有能力接受无力避免的局面，这样就能过无忧无虑的生活。假如他们没有这种能力，他们就会被过大的压力压垮。下面是几个很好的例子。

创办了遍布全美国的连锁商店的潘尼告诉我："哪怕我所有的钱都赔光了，我也不会忧虑，因为我看不出忧虑可以让我得到什么。我尽可能把工作做好，至于结果，就要看老天爷了。"

亨利·福特也告诉我一句类似的话，"碰到没法处理的事情，我就让他们自己解决。"

克莱斯勒公司总经理凯乐先生说："如果我碰到很棘手的情况，只要想得出办法解决的，我就去做。要是干不成的，就干脆忘了。我从不为未来担心，因为没人知道未来会发生什么事情，而影响未来的因素太多。何必为它们担心呢?"如果你说凯乐是个哲学家，他一定会非常困窘，因为他只是个出色的商人。但他这种想法，和古罗马的大哲学家伊匹托塔斯的理论差不多，他告诫罗马人："快乐之道不是别的，就是不去为力所不及的事情忧虑。"

莎拉·班哈特可算是深谙此道的女子了。50 年来，她一直是四大州剧院独一无二的皇后，深受世界观众喜爱。她在 71 岁那年破产了，而且她的医生波基教授告诉她，必须把腿锯断。他以为这个可怕的消息一定会使莎拉暴跳如雷。可是，莎拉看了他一眼，平静地说："如果非这样不可的话，那只好这样了。"

她被推进手术室时，她的儿子站在一边哭。她却挥挥手，高高兴兴地说："不要走开，我马上就会回来。"

去手术室的路上，她背她演过的台词给医生、护士听，使他们高兴，“他们受的压力可大得很呢”。

手术完成健康恢复后，莎拉·班哈特还继续周游世界，使她的观众又为她疯狂了七年。

没有人能有足够的情感和精力既抗拒不可避免的事实，又创造一个新的生活。你只能选择一种，或者生活在那些不可避免的暴风雨之下弯下身子，或者抗拒它而被折断。

日本的柔道大师教育他们的学生，“要像杨柳一样的柔顺，不要像橡树一样挺直。”

知道汽车的轮胎为什么能在路上支持那么久、能忍受那么多的颠簸吗？起初，创造轮胎的人想要创造一种轮胎，能够抗拒路上的颠簸。结果，轮胎不久就被切成了碎条。后来，他们制造了一种轮胎，可以吸收路上所碰到的各种压力，可以“接受一切”。如果我们在多难的人生旅途上，也能承受各种压力和所有颠簸，我们就能活得更长久，能享受更顺利的旅程。

如果我们不吸收这些，而去反抗生命中所遇到的挫折，我们就会产生一连串内在的矛盾，我们就会忧虑、紧张、急躁而神经质。

如果再退一步，我们抛弃现实社会的不快，退缩到一个我们自己的梦幻世界里，我们就会精神错乱了。

有个叫威廉·卡赛柳斯的人讲过下面这个故事：

“我加入海岸防卫队不久，就被派到大西洋这边管炸药。我——一个卖小饼干的店员，居然成了管炸药的人！光是想到站在几千几万吨 TNT 上，就把我连骨髓都吓得冻住了。我只接受了两天的训练，而我所学到的东西使我内心更加恐惧。

“我第一次承担任务时，天又黑又冷，还下着雾。我奉命到新泽西州的卡文角辑码头负责船上的第五号仓。五个身强力壮而又对炸药一无所知的码头工人，正将重两千到四千磅的炸弹往船上装。每一个炸弹都包含一吨的 TNT，足够把那条旧船炸得粉碎。我怕得不行，浑身发抖，嘴发干，膝盖发软，心跳加速。可我又不能跑开，那就是逃亡，不但我会丢脸，我的父母也会脸上无光，而且我可能因为逃亡而被枪毙，我只能留下来。在担惊受怕、紧张了一个多小时之后，我终于能运用常识考虑问题了。我对自己说：‘就算被炸着了，又怎么样？你反正也没有什么感觉了。这种死法倒也痛快，总比死于癌症要好得多。这工作不能不做，否则要被枪毙，所以还不如做得开朗些。’

“我这样跟自己讲了几个小时后，开始觉得轻松了些。最后，我克服了自己的忧虑和恐惧，让自己接受了那不可避免的情况。”

除了耶稣基督被钉在十字架以外，历史上最有名的死亡是苏格拉底之死。即使 100 万年以后，人类恐怕还会欣赏柏拉图对这件事所做的不朽的描写——也是所有的文学作品中最动人的一章。雅典的一些人对打着赤脚的苏格拉底又嫉妒又羡慕，给他找出一些罪名，把他审问之后处以死刑。

那个善良的狱卒把毒酒交给苏格拉底时，对他说道：“对必然的事，姑且轻快地去接受。”苏格拉底确实做到了这一点。他以非常平静而顺从的态度面对死亡，那种态度几乎已经可以算是圣人了。

“对必然的事，姑且轻快地接受。”这是在公元前 399 年说的。但在这个充满忧虑的世界，今天比以往更需要这几句话。

在过去的八年中，我专门阅读了我所能找到的关于怎样消除忧虑的每本书和每篇文章。在读过这么多报纸文章、杂志之后，你知道我所找到的最好的一点忠告是什么吗？就是下面这几句——纽约联合工业神学院实用神学教授雷恩贺·纽伯尔提供的无价祷词——一共只有四十一个字：

请赐我沉静，
去承受我不能改变的事；
请赐我勇气，
去改变我能改变的。
请赐我智慧，
去判断两者的区别。

要在忧虑毁了你之前，先改掉忧虑的习惯，第四条规则是：

“适应不可避免的情况。”

第五节　为忧虑限定“到此为止”

如果我们以生活为代价，付给忧虑过多，我们就是傻子。

查尔斯·罗勃兹是一个投资顾问，他告诉我说：“我刚从德克萨斯州到纽约来的时候，身上只有两万美元，是朋友托我到股票市场投资用的。原以为我对股票市场懂得很多，可是我赔得一分也不剩。若是我自己的钱，我倒可以不在乎，可是我觉得把朋友的钱都赔光了是件很糟糕的事。我很怕再见到他们。可没想到，他们对这件事不仅看得很开，而且还乐观到不可想象的地步。

“我开始仔细研究我犯过的错误。下定决心要在再进股票市场前先学会必要的知识。于是，我和一位最成功的预测专家波顿·卡瑟斯交上了朋友。他多年来一直非常成功，而我知道，能有这样一番事业的人，不可能只靠机遇和运气。

“他告诉我一个股票交易中最重要的原则：‘我在市场上所买的股票，都有一个到此为止的限度，不能再赔的最低标准。例如，我买的是50元一股的股票，我马上规定不能再赔的最低标准是45元。这也就是说，万一股票跌价，跌到比买价低5元的时候，就立刻卖出去，这样就可以把损失只限定在5元之内。如果你当初购买得很精明的话，你的赚头可能平均在10元、25元、甚至于50元。因此，在把你的损失限定在五元以后，即使你半数以上判断错误，也还能让你赚很多的钱。’

“我马上学会了这个办法，它替我的顾客和我挽回了不知几千几万元钱。

“后来我发现，‘到此为止’的原则在其他方面也适用。我在每一件让人忧虑和烦恼的事上，加一个‘到此为止’的限制，结果简直是太好了。

“我常和一个很不守时的朋友共进午餐。他总是在午餐时间已过去大半以后才来。我告诉他，以后等你‘到此为止’的限制是十分钟。要是你在十分钟以后才到的话，咱们的午餐约会就算告吹——你来也找不到我。”

我真希望在很多年以前就学会了把这种限制用在我的缺乏耐心、我的脾气、我的自我适应的欲望、我的悔恨和所有精神与情感的压力上。我常常告诫自己："这件事只值得担这么一点点心，不能再多了。"

我在 30 岁出头的时候，决定以小说写作为终生职业，想做哈代第二。我充满信心，在欧洲住了两年，写出自己认为的杰作——我把那本书题名为《大风雪》。这个题目取得真好，因为所有出版家对它的态度都冷得像呼啸着刮过德可塔州大平原上的大风雪一样。

当我的经纪人告诉我这部作品不值一文，说我没有写小说的天赋和才能的时候，我的心跳几乎停止了。我发觉自己站在生命的十字路口上，必须做一个非常重大的决定。几个星期之后，我才从这茫然中醒来。当时我还不知道"为你的忧虑订下到此为止的限制"，但实际上所做的正是这件事。我把费尽心血写那本小说的两年时间，看作一次宝贵的经验，然后，"到此为止"。我重新操起组织和教授成人教育班的老本行，有时就写一些传记和非小说类的书籍。

一百年前的一个夜晚，梭罗用鹅毛笔蘸着他自己做的墨水，在日记中写道："一件事物的代价，也就是我称之为生活的总值，需要当场交换，或在最后付出。"

用另外一种方式说：如果我们以生活的一部分来付代价，而付得太多了的话，我们就是傻子。这也正是吉尔伯和苏里文的悲剧。他们知道如何创作出欢快的歌词和歌谱，可完全不知道如何在生活中寻找快乐；他们写过很多使人非常喜欢的轻歌剧，可都无法控制自己的脾气。苏里文为他们的剧院买了一张新的地毯，吉尔伯看到账单时大发雷霆，这件事甚至闹到法院。从此两人"老死不相往来"。苏里文替新歌剧谱完曲后，就把它寄给吉尔伯，而吉尔伯填上词后，再把它们寄回苏里文。一次，他们必须一起到台上去谢幕，两人就站在台的两边。分别向不同的方向鞠躬。这样才可以不必看见对方。他们就不懂得在他们彼此的不快中，订下一个“到此为止”的最低限度，而林肯却做到了这一点。

美国南北战争时，林肯的几位朋友攻击他的一些敌人，林肯却说：“你们对私人恩怨的感觉比我要多，也许我的这种感觉太少了吧。可是，我一向认为这很不值得。一个人实在没有必要把他半辈子时间都花在争吵上。如果那些人不再攻击我，我也就不再记他们的仇了。”

我真希望伊迪丝姑妈也有林肯这种宽恕精神。她和法兰克姑父住在一个抵押出去的农庄上。那里土质很差，灌溉不良，收成又不好，所以他们的日子过得很紧，每分钱都要节省着用。可是，伊迪丝姑妈喜欢买一些窗帘和其他小东西来装饰家里，为此她常向一家小杂货铺赊账。法兰克姑父很注重信誉，不愿意欠债，所以他悄悄告诉杂货店老板，不要再让他妻子赊账买东西。伊迪丝姑妈听说后大发脾气。

这事至今差不多有 50 年了，她还在发脾气。我曾经不止一次听她说这件事。最后一次见到她时，她已经 70 快 80 岁了。我对她说：“伊迪丝姑妈，法兰克姑父这样羞辱你确实不对，可是难道你不觉得你已经埋怨了半个世纪了，这比他所做的事还要糟糕吗?”（结果我这话说了还是等于白说。）

伊迪丝姑妈为她这些不快的记忆也付了昂贵的代价，付出了半个世纪自己内心的平静。

富兰克林小的时候，犯了一次 70 年来一直没有忘记的错误。他七岁时看中了一支哨子，他兴奋地跑进玩具店，把所有的零钱放在柜台上，也不问价钱就把哨子买下了。70 年后，他在给一个朋友的信中写道：“后来，我跑回家，吹着这支哨子，在房间里得意地转着。”他的哥哥姐姐发现他买哨子多付了钱，都来取笑他，“我懊恼得痛苦了一场。”

富兰克林在这个教训里学到的道理非常简单：“长大后，我见识了人类许多行为，认识到许多人买哨子都付出了太多的钱。简而言之，我确信人类的苦难相当一部分产生于他们对事物的价值做出了错误的估计，也就是，他们买哨子多付了钱。”

托尔斯泰娶了一个他非常钟爱的女子，他们在一起非常快乐。可是，托尔斯泰的妻子天生嫉妒心很强，常常窥测他的行踪，他们时常争吵得不可开交。她甚至嫉妒自己亲生的儿女，曾用枪把女儿的照片打了一个洞。她还在地板上打滚，拿着一瓶鸦片威胁说要自杀，吓得她的孩子们躲在房间的角落里直叫。

如果托尔斯泰跳起来、把家具砸烂，我倒不怪他，因为他有理由这样生气。可是他做的事比这个要坏得多，他记一本私人日记！这就是他的“哨”。在那里，他努力要让下一代原谅他，他把所有错都推到他妻子身上。他妻子如何对付他呢？她当然是把他的日记撕下来烧掉。她自己也记了一本日记，把错都推到托尔斯泰身上。她甚至还写了一本小说，题目就叫《谁之错》。在小说里，她把丈夫描写成一个破坏家庭的人，而她自己则是一个牺牲品。

结果，他们把唯一的家变成了托尔斯泰自称的“一座疯人院”。这两个无聊的人为他们的“哨子”付出了巨大的代价。50 年的光阴都生活在一个可怕的地狱里，只因为两人中没有一个有头脑说“不要再吵了”；只因为两人都没有足够的价值判断力，能够说：“让我们在这件事上马上告一段落。我们是在浪费生命。让我们现在就说‘够了’吧。”

不错，我非常相信这是获得内心平静的秘诀之一——要有正确的价值观念。

所以，要在忧虑毁了你之前，先改掉忧虑的习惯，第五条规则就是：

当我们想拿钱买东西或为生活付出代价的时候，要先停下来，用下面三个问题问问自己：

一、我现在正在担心的问题和我自己有何关联？

二、在这件令我忧虑的事情上，我应在何处设置“到此为止”的最低限度——然后把它整个忘掉。

三、我到底该付这个“哨子”多少钱？我所付的是否已超过了它的价值？

第六节　不要试图锯早已锯碎的木屑

当你在为那些已经过去的事忧虑的时候，你不过是在锯一些木屑。

我院子里有一些恐龙的足迹——留在大石板和木头上的恐龙的足迹。它们是我从耶鲁大学皮氏博物馆里买来的。馆长还来信介绍说，这些足迹是一亿八千万年前留下的。

就连白痴也不会想到去改变一亿八千万年以前的足迹，而人的忧虑却和这种想法一样愚蠢：因为就算是180秒钟以前所发生的事情，我们也不可能回过头来纠正它。我们可以想办法改变180秒钟以前发生的事情所产生的影响，但无法改变当时所发生的事情。

唯一可以使过去的错误有价值的方法，就是很平静地分析错误，从中吸取教训——然后再把错误忘掉。

几年前，我开办了一个很大的成人教育补习班，很多城市设有分部，在维持费和广告费上花了很多钱。当时我忙于上课，既没有时间，也没有心情去管理财务。而且我当时很天真，不知道应该有一个优秀的业务经理来安排各项支出。

过了差不多一年，我突然发现，虽然我们收入不少，但却没有获得一点利润。我本该立刻做两件事。

第一，像黑人科学家乔治·华盛顿·卡佛尔在全部财产损失后所做的那样，把这笔损失从脑子中抹去，然后再也不去提起。

第二，我应该认真分析错误，从中吸取教训。

可是我一样也没有做。相反的，我开始发起愁来，一连几个月都恍恍惚惚的，觉也睡不好。不但没有从中学到东西，反而接着又犯了一个规模稍小的同类错误。真是“教 20 个人怎样做，比自己一个人去做要容易得多。”

亚伦·山德士先生永远记得他的生理卫生课老师保尔·布兰德温博士教给他的最有价值的一课。

“当时我只有十几岁，却经常为很多事发愁，为自己犯过的错误自怨自艾。我老是在想我做过的事，希望当初没有那么做；我老是在想我说过的话，希望当时把话说得更好。

“一天早晨，我们走进科学实验室，发现保罗·布兰德温老师的桌边放着一瓶牛奶。真不知道那和他教的生理卫生课有什么关系。突然，老师一把把那瓶牛奶打翻在水槽中，同时大声喊道：‘不要为打翻的牛奶而哭泣。’

“然后，他把我们叫到水槽边上说：‘好好看看，永远记住这一课。你们看牛奶已经漏光了，无论你怎么着急，如何抱怨，也不能救回一滴了。只要先动点脑筋，加以防范，那瓶牛奶就可以保住。可是现在已经太迟了——我们所能做到的，只是把它忘掉，去想下一件事。'

“这次表演使我终生难忘，它教给我，只要有可能，就不要打翻牛奶。万一牛奶打翻，整个漏光，就要把这件事彻底忘掉。”

“不要为打翻的牛奶而哭泣”是老生常谈，却是人类智慧的结晶。即使你读过各个时代很多伟人写的有关忧虑的书本，你也不会看到比“船到桥头自然直”和“不要为打翻的牛奶而哭泣”更有用的老生常谈了。事实上，只要我们能多利用那些古老的俗语，我们就可以过一种近乎完美的生活。然而，如果不加以利用，知识就不是力量。本书的目的并非告诉你什么新的东西，而是要提醒你注意那些你已经知道的事，鼓励你把已经学到的那些加以应用。

已故的佛烈德·富勒·须德有一种能把古老的真理用又新又吸引人的方法说出来的天分。有一次在大学毕业班讲演时，他问道：“有谁锯过木头，请举手。”大部分学生都举了手。

他又问：“有谁锯过木屑？”没有一个人举手。

“当然，你们不可能锯木屑。”须德先生说：“过去的事也是一样，当你开始为那些已经做完的和过去的事忧虑的时候，你就是在锯一些木屑。”

棒球老将康尼·马克 81 岁时，我问他有没有为输了的比赛忧虑过。

“我过去常这样。可是，我发现这样做对我完全没有好处，磨完的粉不能再磨，”他说，“水已经把它们冲到底下去了。”

杰克·邓普塞在和我一起吃晚饭时，告诉我他把重量级拳王的头衔输给金·童黎的那一仗。

“到了第十回合，我虽然还没有倒下去，但脸已经肿了，而且有很多伤痕，两只眼睛几乎无法睁开我看见裁判员举起金·童黎的手，宣布他获胜。我不再是世界拳王了，我在雨中往回走，穿过人群回到自己的屋里。

“一年之后。我再次跟童黎比赛，结果仍是如此，我就这样永远完了。要完全不为此事发愁确实很困难，可我对自己说：‘我不能生活在过去的阴影里，我要承受这次打击，不能让它把我打倒。’”

于是，他努力忘掉失败，集中精力为未来谋划，他经营百老汇的邓普塞餐厅和大北方旅馆，他安排和宣传拳击赛，举办有关拳赛的各种展览会。这样，他既无时间也没心思去为过去担忧。“我现在的生活，比我在做世界拳王时要好得多。”

莎士比亚告诉我们：“聪明的人永远不会坐着为自己的损失而悲伤，却会很高兴地去找出办法来弥补创伤。”

我曾经到辛辛监狱去看过，那里最令我吃惊的是：囚犯们看起来都和外面的人一样快乐。典狱长告诉我，这些罪犯刚去时都心怀怨恨而脾气很坏。可是几个月后，大部分聪明一点的人都能忘掉他们的不幸，安下心来适应他们的监狱生活。他还告诉我，有一个犯人过去在园林里工作，他在监狱围墙里种菜种花时，还能唱出歌来，因为他知道，流泪是没有用的。

当然，有了错误和疏忽都是我们的不对。可是，谁没犯过错呢？拿破仑在他所有重要战役中也输过三分之一，也许我们的平均纪录比拿破仑还少呢。

何况，即使动用所有国王的人马，也不能挽回已经过去的东西。所以，第六条规则是：

“不要试图去锯那些早已锯碎的木屑。”

本章小结

如何在忧虑毁了你之前，先改掉忧虑的习惯？

规则一：让自己忙碌。

把忧虑从你的思想中赶出去。大量的行动是治疗“胡思乱想症”最好的方法之一。

规则二：不要为小事烦恼。

不要让那些小事——生活中无足轻重的小事——毁了你的快乐。

规则三：用概率来消除你的忧虑。

问问你自己：“这件事可能发生的机会到底有多少？”

规则四：要适应不可避免的情况。

如果你知道某种情形是你无力改变或扭转的，就要对你自己说：“既然是这样。就没有别的办法了。”

规则五：要在你忧虑的事情上决定一个“到此为至”的限度。

决定一件事到底值得你担多少忧——然后决不再多去管它。

规则六：让过去的就成为过去，不要去锯木屑。

第四章　活力充沛的秘方

第一节　如何多清醒一小时

休息并不是浪费生命，它能让你在清醒的时候，做更多有效率的事。

任何一位还在学校念书的医科学生都会告诉你，疲劳会降低身体对一般疾病和感冒的抵抗力；而任何一位心理治疗家也会告诉你，疲劳同样会降低你对忧虑和恐惧感觉的抵抗力。所以，防止疲劳也就可以防止忧虑。

杰可布森医生——芝加哥大学实验心理学实验室主任写过两本关于如何放松紧张情绪的书：《消除紧张》和《你必须放松紧张情绪》，他还主持研究了放松紧张情绪的方法在医学上的用途。他认为任何一种精神和情绪上的紧张状态，“在完全放松之后就不可能再存在了。”这就是说，如果你能放松紧张情绪，就不可能再继续忧虑下去。

所以，要防止疲劳和忧虑，第一条规则就是：经常休息，在你感到疲倦以前就休息。

这一点之所以重要，是因为疲劳增加的速度快得出奇。美国陆军的多次实验证明，即使是经过多年军事训练又很坚强的年轻人，如果不带背包，每小时休息十分钟，行军速度也会明显加快，而且持久。

人的心脏每天压出来流过全身的血液，足够装满一节运油火车车厢；每天释放出的能量，足够用铲子把 20 吨煤铲成一个三尺高的平台，你的心脏能完成这么大的工作量，而且能持续 50 年、70 年甚至 90 年，你的心脏怎么能承受这难以置信的工作呢？哈佛医院的华特·坎农博士解释道："绝大多数人认为人的心脏整天不停地跳动。事实上，在每次收缩之后，它有完全静止的一段时间。当心脏按正常速度每分钟跳 70 下时，它一天的工作时间只有 9 小时，也就是说，它实际休息了 15 小时。"

第二次世界大战期间，丘吉尔已 60 多岁了，却能每天工作 16 小时，他的秘诀在哪里？他每天早晨在床上工作到 11 点，他看报告、口授命令、打电话甚至在床上召开会议。午饭之后他还要睡一小时。晚上 8 点的晚餐以前还要在床上睡两小时。他并不是要消除疲劳，因为他根本不用去消除，他事先就防止了。因为他经常休息，所以能很有精神地一直工作到半夜以后。

约翰·洛克菲勒也创造了两项惊人的纪录：他的财产在当时世界首屈一指，而寿命也达到了 98 岁。他是怎样做到这两点的呢？主要原因当然是遗传，他家族的人都很长寿。另一个原因就是他每天中午在办公室睡半小时午觉，这时哪怕是美国总统打来的电话，他也不接。

在《为什么会疲劳》一书中，丹尼尔·河西林写道："休息并不是绝对地什么都不做，休息就是修补。”

在短短的一点休息时间里，就能有很强的恢复能力：即使只打5分钟的瞌睡，也有助于防止疲劳。

棒球名将康里·马克告诉我，每次参赛之前，如果不睡个午觉的话，他到第五局就会感到筋疲力尽。可是，如果他睡午觉的话，哪怕只睡5分钟，也能够赛完全场，而且一点也不感到疲劳。

我拜访过伊莲娜·罗斯福，询问她在白宫做第一夫人的那12年里是如何应付那么多烦琐事务的。她对我说，每次接见一大群人，或是要发表一次演说之前，她通常都坐在一把椅子上或者是一张沙发上，闭起眼睛休息20分钟。

我最近在麦迪逊广场花园金·奥维的休息室里访问了这位参加世界骑术大赛的骑术名将。我发现他在休息室里放了一张折叠床，“每当下午我都要在那里躺一躺，”金·奥维说。“在两场表演之间睡一个小时。当我在好莱坞拍电影的时候，”他继续说道，“我常常靠坐在一张很大的软席椅上，每天睡两次午觉。每次睡十分钟，这样可以使我精力充沛。”

爱迪生认为，他无穷的精力和耐力都来自于他能随时入睡的习惯。

“现代教育之父”何瑞斯·曼在他年事稍长之后也是这样。当他担任安提奥克大学校长的时候，常常躺在一张长沙发上和学生进行谈话。

在亨利·福特80岁大寿之前，我去访问过他。我实在猜不透他为什么看起来那样精神焕发、非常健康。我问他秘诀是什么？他说：“能坐下的时候，我绝不站着；能躺下的时候，我绝不坐着。”

我曾建议好莱坞的一位电影导演，试一试这类方法。后来，他告诉我，这类方法可以产生奇迹。我说的是杰克·查纳克，他是好莱坞最有名的大导演之一。

几年前，他来看我的时候，他是米高梅公司短片部的经理，常常感到劳累和筋疲力尽。他什么方法都试过了，喝矿泉水、吃维生素和其他补药，但对其一点帮助也没有。我建议他每天去“度度假”。怎么做呢？就是当他在办公室里和部下开会的时候，躺下来放松自己。

两年之后，我再见到他的时候，他说：“出现了奇迹，这是我医生说的。以前，每次我和部下谈论短片问题的时候，我总是坐在椅子里，非常紧张。现在每次开会的时候，我躺在办公室的沙发上。我现在觉得比我 20 年来都好过多了，每天能多工作两个小时，却很少感到疲劳。”

你如何使用这些方法呢？如果你是一位打字员，你就不可能像爱迪生或者是山姆·高尔温那样，每天在办公室里睡午觉；如果你是一个会计，你也不可能躺在长沙发上和你的上司讨论账目问题。可是，如果你住在一个小城市里，每天中午回家吃午饭的话，饭后你就可以睡十分钟的午觉。这正是马歇尔将军常做的事。在第二次世界大战期间，他觉得指挥美军部队的工作非常忙碌。所以中午必须休息。

如果你没有办法在中午睡个觉，那么，至少要在吃晚饭之前躺下来休息一个小时，这比在吃饭前喝一杯酒便宜得多了。细算起账来，比喝一杯酒还要有效得超过 5 467 倍。如果你能在下午五六点钟，或者七点钟左右睡上一个小时。那么，你就可以在你的生活中每天增加一小时的清醒时间。为什么呢？因为晚饭前睡的那一小时，加上夜里所睡的六个小时——一共是七个小时——对你的好处比连续睡八个小时更多。

从事体力劳动的人，如果休息时间多，每天就可以做更多的工作。佛德瑞克·泰勒在贝德汉钢铁公司担任科学管理工程师的时候，就曾以事实证明了这一点。他曾经观察过，工人每人每天可以往货车上装大约 12 吨半的生铁，而他们一般在中午就已经筋疲力尽了。他对所有产生疲劳的因素，做了一次科学性的研究，认为这些工人不应该每天只送 12 吨半的生铁，而应该每天装 47 吨。照他的计算，他们应该可以做到目前成绩的四倍，而且不会疲劳。只是必须要加以证明。

他从搬运工里选了一位施密特先生，让他按规定时间来工作，由专人拿着表来指挥他："现在搬起一块生铁，走，现在坐下休息，现在走，现在休息。"

结果其他人每天只能搬 12 吨半，而施密特却能搬 47 吨。在长达三年的时间里，他的工作能力从未减弱过，这是因为他在疲劳之前就有时间休息：每小时他大约工作 26 分钟，而休息时间却有 34 分钟。他休息的时间要比工作时间多。可是他的工作成绩却差不多是别人的四倍！

让我再重复一遍，照美国陆军的办法去做——经常休息，照你心脏工作的方法去做：在疲劳之前先休息。这样就能使你每天的清醒时间多一小时。

第二节　什么使你疲劳

要衡量一天工作的质、量是否已经完成指标，不是看你有多疲倦，而是看你多不疲倦。

下面是一个令人吃惊而且非常重要的事实：单单用脑不会使你疲倦。这句话听起来非常荒谬，然而科学实验却证明了这一点。

那么，是什么使你疲劳呢，心理治疗家认为，我们感到的疲劳，多半是由精神和情感因素引起的，英国著名的心理分析学家海德费在他的《权力心理学》里说：“我们感到的大部分疲劳，都是心理影响的结果。实际上，纯粹由生理引起的疲劳是很少的。”

美国著名的心理分析学家布列尔博士说得更详细，他说：“一个坐着的工作者，如果健康状况良好的话。他的疲劳百分之百是受心理因素也就是情感因素的影响。”

哪些因素会导致疲劳呢？当然是烦闷、懊恨、一种不受赏识的感觉以及忙乱、焦急、忧虑等等。这些感情因素使人容易感冒，使工作成绩下降。我们之所以感到疲劳，是因为我们的情绪使身体紧张。

大都会人寿保险公司指出：“忧虑、紧张和情绪不安是导致疲劳的三大原因。”

为什么在从事脑力劳动的时候，也会产生这些不必要的紧张呢？何西林说：“几乎所有的人都相信越困难的工作就越得用力做，否则就不能做好。”所以我们一集中精力就皱起了眉头，耸着肩膀，让所有的肌肉都“用力”，实际上这对我们的思考根本没有丝毫帮助。

碰到这种精神上的疲劳，应该放松、放松、再放松。

这很容易吗？不，你要花很大力气才能把一辈子的习惯改过来，可是花这种力气是值得的。威廉·詹姆斯在那篇名为《论放松情绪》的文章里说：“美国人过度紧张、坐立不安、表情痛苦，这是一种坏习惯，地地道道的坏习惯。”紧张是一种习惯，放松也是一种习惯，而坏习惯应该消除，好习惯应该保持。

怎样才能放松呢？是先从思想上还是先从神经上开始？都不是，应该先从肌肉开始，首先您要放松眼部肌肉，然后可以用同样的方法放松您的脸部、颈部和整个身体。

但是，你全身最重要的器官还是你的眼睛。芝加哥大学的艾德蒙·杰可布森博士说，如果你能完全放松你的眼部肌肉，你就可以忘记你所有的烦恼了。在消除神经紧张方面，眼睛之所以如此重要，是因为它们消耗了全身能量的四分之一。这也就是为什么很多眼力很好的人都感到“眼部紧张”的原因，因为他们自己使眼部紧张。

以擅长写作长篇小说闻名的女作家薇姬·贝姆曾说，她小时候遇见过一位老人，教给她一生中所学过的最重要的一课。那时候，她摔了一跤，碰破了膝盖，扭伤了手腕，有个曾在马戏团当小丑的老人把她扶起来，在帮她把身上灰尘掸干净的时候，那个老人对她说：“你之所以会碰伤，是因为你不知道怎样放松自己。你应该假装你自己软得像一双袜子，像一双穿旧了的袜子。来，我来教你怎么做。”

那个老人就教薇姬·贝姆和其他的孩子怎么样跑，怎么样跳，怎么样翻跟头，还一直教他们说：“要把你自己想象成一双旧袜子，那你就能放松了。”

任何时候能够放松，任何地方也能够放松，只是不要花费力气去让自己放松。所谓放松，就是消除所有的紧张和力气，只想到舒适和放松。开始的时候，先想如何放松你的眼部肌肉和脸部肌肉，不停地说着：“放松，放松，放松，再放松！”要从脸部肌肉到身体中心，都能感到自己的体力。要使你自己像孩子一样，完全没有紧张的感觉。

这就是著名的女高音嘉莉古淇所用的办法。海伦·吉卜生告诉我，他常常看见嘉莉古淇在表演之前坐在一张椅子上，放松全身的肌肉，而且下颚松得像脱臼一样。这种做法非常不错——可以使她在登台的时候不至于感到太紧张，也可以防止疲劳。

下面是帮你学会怎样放松的五项建议：

一、请看关于这方面的一本好书

大卫·哈罗·芬克博士所写的《消除神经紧张》你应该好好看一看。我还建议你看一看《为什么会疲倦?》，这本书的作者是丹尼尔·何西林。

二、随时放松你自己，使你的身体软得像一双旧袜子

我在工作的时候，常常在桌子上放上一双红褐色的旧袜子，提醒我应该放松到什么程度。如果你找不到一双旧袜子，一只猫也可以。你是否曾经抱过在太阳底下睡觉的猫呢？当你抱起它时，它的头就像打湿了的报纸一样塌下去了，印度的瑜伽术也教你，如果你想要放松，应该多去瞧瞧猫。我从来没有见过疲倦的猫，也没有看到过患精神分裂症、风湿病或担忧的染上胃溃疡的猫。要是你能学猫那样放松自己，大概就能避免这些问题了。

三、工作时采取舒服的姿势

要记住，身体的紧张会产生肩膀的疼痛和精神上的疲劳。

四、每天自我检查五次

每天都要问问自己："我有没有使自己的工作变得比实际上的更繁重？我有没有使用一些和我的工作毫无关系的肌肉？"这些都有助于你养成放松的好习惯。就像大卫·哈罗·芬克博士所说的："那些对心理学最了解的人都知道，疲倦有三分之二是习惯性的。"

五、每天晚上再检查一次

问问你自己："我到底有多疲倦？如果我感觉疲倦，这不是我过分劳心的缘故，而是因为我做事的方法不对。""我算算自己的成绩，"丹尼尔·何西林说，"不是看我在一天工作结束后有多疲倦，而是看我多不疲倦。"他说："如果哪一天过完后我感到特别疲倦，或者是我感觉自己的精神特别贫乏，我会毫无问题地知道，这一天不论在工作的质和量上都做得不够。如果每个企业家都能学会这一点，因为神经紧张引起疾病致死的比例就会马上降低。而且，我们的精神疗养院里也不会再有那些因为疲劳和忧虑导致精神崩溃的人了。"

第三节　家庭主妇永葆青春的秘方

把心底里的话说出来，就等于给你的心病打了一针强心剂。

去年秋天，我的助手乘飞机去波士顿参加一次不寻常的医学实验，正式的名称叫应用心理学，目的是治疗一些因忧虑而得病的人，而病人中的大多数是精神上感到困扰的家庭主妇。这门实验是这样诞生的：

1930 年，约瑟夫·普雷特博士——他曾是威廉·奥斯勒的学生——发现了一个问题：来波士顿医院求诊的女患者中，有很多人生理上根本没有毛病。有个女病人的两只手由于“关节炎”而无法活动，另一个患者因为“胃癌”的症状痛苦不堪，其他人有头疼的、腰疼的，都是长年发作，无法制止。但经过最彻底的医学检查后却发现，这些妇女生理上完全正常，医生们都说：“这是他们脑子里有病。”

但普雷特博士却认为，单单叫他们“回家去把这件事忘掉”是不会奏效的。于是他开了这门“应用心理学”的实验班，希望帮助他们根治心理上的疾病。

对他这种做法，医学界一开始是怀疑者居多。结果却是意想不到的好，这个班开设 18 年来，有成千上万的人参加实验后“痊愈”。有些病人到这个班上了好几年课，几乎像上教堂一样虔诚。我那个助手曾和一位上了九年而且很少缺课的妇女谈过。她说，她刚来时深信自己有肾炎和心脏病，这使她忧虑、紧张，有时甚至突然看不见东西，于是她又害怕会双目失明。可现在她身体状况良好，虽然已经有了孙子，可看上去只有 40 多岁。

她说：“那时我几乎想一死了之，可我后来在这儿懂得了忧虑对人的害处，学会了怎样消除忧虑。我现在有资格说，我的生活太幸福了。”

这个班的医药顾问罗丝·海芬婷大夫认为，减轻忧虑最好的药就是“跟你信任的人谈论你的问题。”她说：“我们把这称作净化作用。病人到这里来的时候，可以尽量讲她们的问题，直到把这些问题完全赶出她们的脑子。一个人闷头忧虑的时候会造成精神上的损失。我们应该让别人分担我们的难题，我们也得分担别人的忧虑。我们必须感觉到世界上还有人愿意听我们的话，也能够了解我们。”

我的助手亲眼看到一个妇女在说出她心里的忧虑之后，感到一种非常难得的解脱。她有很多家务事方面的烦恼，而在她刚刚开始谈论这些问题的时候，她就像一个压紧的弹簧，然后一面讲，一面渐渐地平静下来了，等到谈完了之后，她居然能面露微笑了，这些困难是否已经得到了解决呢？没有，事情当然不会这样简单。她之所以有这样的改变，是因为她能和别人谈谈，得到了一点点忠告和一点点同情。真正促成变化的，是其强有力的治疗功能的语言。

就某个方面来说，心理分析就是以语言的治疗功能为基础的。从弗洛伊德的时代开始，心理分析家就知道，只要一个病人能够说话——仅仅只要说出来，就能够解除他心中的忧虑。为什么呢？也许是因为说出来之后，我们就可以更深入地看到我们的问题，能够看到更好的解决方法。没有人知道确切的答案，可是我们所有的人都知道“吐露一番”或是“发发胸中的闷气”就能立刻使人觉得畅快很多。

所以，下一次我们再碰到什么情感上的难题时，为什么不去找个人谈一谈呢？当然，我并不是说随便到哪儿抓一个人，就把我们心里所有的苦水和牢骚说给他听。我们要找一个值得信任的人，跟他约好一个时间，也许找一个亲属，一个医生，一位律师……然后对那个人说：“我希望得到你的忠告。我有个问题，我希望你能听我谈一谈，你也许可以给我一点忠告。也许旁观者清，你可以向我提供一个认识问题的新角度。当然，即使你不能做到这一点，只要你肯坐在那里听我谈谈这件事情，也等于帮了我很大很大的忙了。”

不过，如果你真的确实找不到一个人可以谈一谈，我们可以告诉你所谓的“救生联盟”——这个组织和波士顿那个医学课程完全没有关联。这个“救生联盟”是世界上最不寻常的组织之一。它的组成是为了防止可能发生的自杀事件。可是，多年以后，它的服务范围扩大到给那些不快乐或者是情感方面有所需要的人以精神上的安慰。我去见过几次萝娜·彭尼尔小姐，她常常和那些到“救生联盟”来的人会谈。

把心事说出来，就是波士顿医院所安排的课程中最主要的治疗方法。下面还有一些我们在那个课程里所得到的一些概念——如果你是一个家庭主妇，你在家里就可以做到。

一、准备一本“提供灵感”的剪贴簿

你可以写上自己喜欢的可以鼓舞你的诗，或者是名人的格言。往后，如果你感到精神颓丧，也许在本子里就可以找到治疗的药物。波士顿医院的很多病人都把这种剪贴簿保存了好多好多年，她们说这等于是替你在精神上“打了一针”。

二、不要为别人的缺点太操心

不错，你的丈夫确实有很多缺点。可是，如果他是个圣人的话，恐怕他根本就不会娶你了，对不对？学习班上有一位妇女，通过学习发现她自己恰恰是一个专门苛责别人、爱挑剔、还常常拉长一张脸的妻子，当别人问她“如果你的丈夫死了，你会怎么办”的问题时，她才发现自己的短处。她当时着实大吃一惊，连忙坐下来，把她丈夫所有的优点列举出来。她所列的那张单子可不短呢。所以，如果你觉得自己嫁错了人，不妨也试试这种方法。也许，在看过他所有的优点之后，你会发现他正是你希望遇到的那个人哩。

三、要对你的邻居感兴趣

要对那些和你在同一条街上共同生活的人抱有一种很友善

也很健康的兴趣。有一个很孤独的女人，觉得自己非常“孤立”，一个朋友也没有。有人劝她试着把她下一个碰到的人做主角，编一个故事，于是，她开始在公共汽车上为她所看到的人编造故事。她假想那个人的背景和生活情形，试着去想象他的生活怎样。后来，她碰到别人就聊天，现在，她非常快乐，变成一个很讨人喜欢的人，也治好了她的“痛苦。”

四、今晚上床之前，先安排好明天工作的程序

在班上，他们发现很多的家庭主妇因为做不完家务而感到很疲劳。她们好像永远也做不完她们的工作，老是被时间赶来赶去。为了要治好这种匆忙的感觉和忧虑，他们建议各位家庭主妇在头一天就把第二天的工作安排好。结果呢？她们能完成许多工作，却不会感到那么疲劳。同时还因为有成绩而感到非常骄傲，甚至还有时间休息和打扮。（每一个女子每一天都该抽出时间来打扮，让自己看来漂亮一点。我认为，当一个女子知道她外表很漂亮的时候，就不会“紧张”了。）

五、避免紧张和疲劳的唯一途径就是放松

再没有比紧张和疲劳更容易使你苍老的事了。也不会再有别的事对你的外表更有害了。我的助手在波士顿思想控制课程里听到负责人保罗·强森教授谈了很多我们已经讨论过的原则——那些能够放松的方法。在十分钟放松自己的练习结束之后，我的助手几乎坐在椅子上睡着了。为什么生理上的放松会有如此大的好处呢？因为这家医院知道，如果你要消除忧虑，就必须放松。

的确，作为一个家庭主妇，一定要懂得如何放松自己。你有一点强于别人的地方——只要想躺下，随时就可以躺下，而且你还可以躺在地上。奇怪的是，硬硬的地板比里面装着弹簧的席梦思床更有助于放松自己。地板对脊椎骨大有好处。

那么，下面就是一些可以在你自己家里做的运动，你先试上一个时期，看看对你的外表有多大的好处。

一、只要你觉得疲倦了，就平躺在地板上，尽量把身体伸直。如果你想翻身就翻身，每天做两次。

二、闭起你的眼睛，像强森教授所建议的那样说：“太阳当头照，天空蓝盈盈，大自然很宁静。我——大自然的孩子，也能和宇宙和谐一致。”

三、如果你不能躺下来，因为你正在炉子上煮菜而没有这个时间，那么，只要你能坐在一张椅子上，得到的效果也完全相同。

在一张很硬的直背椅子里，像一个古埃及的坐像那样，然后把你的双手向下平放在大腿上。

四、慢慢地把你的十个脚趾蜷曲起来——然后，让它们放松。

收紧你的腿部肌肉——然后，让它们放松：慢慢朝上，运动各部分的肌肉，最后一直到你的颈部。然后，让你自己的头向四周转动，好像你的头是一个足球。要不断地对你的肌肉说：“放松，放松。”

五、用很慢很稳定的深呼吸来平定你的神经，要从丹田吸气。

印度的瑜伽术不错，有规律的呼吸是安抚神经的最好方法。

六、尽量抹平脸上的皱纹，松开你紧锁的眉头，不要闭紧嘴巴。

第四节　四种良好的工作习惯

让我们晕头转向的并不是工作的大劳动量，而是我们不知道自己有多少工作、该先做什么。

第一种良好的工作习惯：拿走你桌上所有的纸张。只写下和你手头事务有关的。

这样你会发现你的工作更容易处理，也更有头绪可寻。

新奥尔良一家报纸的某位发行人曾告诉我，他的秘书帮他清理了一下桌子，结果发现了一架两年来一直找不着的打字机。

如果桌子上堆满了信件、报告、备忘录之类的东西，就足以使人产生混乱、紧张和焦虑的感觉。更糟的是，它会让你觉得自己有100万件事要做，可根本没时间做，根本做不完。这种情绪会使你忧虑得患高血压、心脏病和胃溃疡。

芝加哥和西北铁路公司的董事长罗西·威廉斯说："一个书桌上堆满了文件的人，若能把他的桌子清理一下，留下手边待处理的一些，就会发现他的工作更容易，也更实在。我把这种清理叫作料理家务，这是提高效率的第一步。"

如果你到华盛顿的国会图书馆去，就会看到天花板上漆着11个字，这是著名诗人波普写的：

秩序，
是天国的第一条法则。

宾夕法尼亚州立大学医学院的约翰·斯托克教授，在美国医药学会全国大会上宣读过一篇论文，题目叫作《生理疾病引起的心理并发症》。在这篇文章中，他在一项“病人心理状况研究”的题目下列出11种情况。

第一种良好的工作习惯：一种必要或不得不已的感觉，好像必须做的事情永远也做不完

著名的心理治疗专家威廉·山德尔博士，曾用简单的方法治愈了一位病人。

这位患者是芝加哥一家大公司的高级主管，当他初次到山德尔的诊所去的时候，非常紧张、不安，面临精神崩溃的危险。在就诊之前，他的办公室有三张大写字台，他把全部时间都投入到工作里，可事情似乎永远干不完。当他与山德尔谈过以后，回到办公室的第一件事就是清理出一大车的报表和旧文件，只留一张写字台，事情一到就马上办完。于是，再没有堆积如山的公事威胁他，他的工作渐渐有了起色，而且身体也恢复了健康。

前美国最高法院大法官查尔斯·伊文斯·休斯说：“人不会死于工作过度，却会死于浪费和忧虑。”

第二种良好的工作习惯：区分事情的重要程度来安排工作顺序

创办遍及全美的市务公司的亨瑞·杜哈提说，不论他出多少钱的薪水，都不可能找到一个具有两种能力的人。

这两种能力是：第一、能思想。第二、能按事情的重要次序来做事。

查尔斯·卢克曼，从一个默默无闻的人在12年内变成了培素登公司的董事长，每年10万美元的薪金，另外还有100万美元的进项。他说他成功的原因是他具有亨瑞·杜哈提所说的几乎不可能同时具备的那两种能力。卢克曼说："就我记忆所及，我每天早上5点钟起床，因为那时我的头脑要比其他时间更清醒。这样我可以比较周到地计划一天的工作，按事情的重要程度来安排做事的先后次序。"

富兰克林·白吉尔是美国最成功的保险推销员之一，他不会等到早晨5点才计划他当天的工作，他在头一天晚上就已经计划好了。他替自己订下一个目标——一天里卖掉多少保险的目标。如果没有完成，差额就加到第二天，依此类推。

如果萧伯纳没有坚持先做的事情就先做这一原则，那他一辈子就只能做银行出纳而不会成为戏剧家了。他拟订了计划，每天必须写作至少五页，他这样工作了九年。

就连漂流到荒岛上的鲁滨孙都有一个按小时制订的计划表。

当然，一个人不可能总按事情的重要程度安排计划，但按计划做事，绝对要比兴之所至去做好得多。

第三种良好的工作习惯：当你碰到问题时，如果必须做决定，就当场解决，不要拖延

我以前的一个学生，已故的H·P·霍华告诉我，当他在美国钢铁公司担任董事的时候，开起董事会总要花很长的时间，会议要讨论很多问题，但有结果的却很少。最后，董事会的每一位董事都得带着一大包文件回家看。

后来，霍华先生说服了董事会，每次开会只讨论一个问题，然后做出结论，不耽搁、不拖延。这样所得的决议也许需要研究更多的资料。但是，在讨论下一个问题前，这个问题一定能形成决议。霍华先生告诉我，改革的结果非常惊人，也非常有效，所有的陈年旧账都了结了。日历上干干净净的，董事们也不必带着大包文件回家，大家也不再为没有解决的问题而忧虑。

这是个很好的办法，不仅适用于美国钢铁公司的董事会，也适用于你和我。

第四种良好的工作习惯：学会如何组织、分层负责和监督

很多商人都在自掘坟墓，因为他们不懂得怎样把责任分摊给其他人，而坚持事必躬亲。其结果是，很多枝节小事使他手忙脚乱，他总觉得匆忙、焦虑和紧张。

一个经管大事业的人，如果没有学会怎样组织、分层和监督，那他很可能在50多岁、60出头的时候死于心脏病。

我过去觉得分层负责非常困难，而负责人如不理想也会产生灾难，但一个做上级主管的人如果想避免忧虑、紧张和疲劳，那他就必须这样做。

第五节　如何防止产生烦闷

你对工作感到厌烦吗？为什么不跟自己玩个“假装”的游戏？也许你会得到意想不到的结果。

产生疲劳的另一大原因是烦闷。

打字员爱丽丝小组工作了一天之后，傍晚才回到家中。她腰酸背痛，疲惫不堪，她不想吃饭，只想睡觉，正在这时，男朋友打来电话邀她去跳舞。顿时她的眼睛亮了，精神来了。她换上衣服，冲出门去。一直跳到凌晨三点才回来，这时她一点也不疲倦，正相反，她兴奋得睡不着觉了。

看得出来，傍晚时分，她觉得疲劳是工作让她烦闷，使她对生活也产生厌烦。世界上这样的人很多，你也许就是其中之一。

约瑟夫·巴马克博士在《心理学学报》上有一篇报告，谈到了他的一次实验：

他安排一大群大学生参加一连串的实验工作，这些工作都是他们不感兴趣的。结果所有的学生都觉得疲倦、头疼、眼睛疼，而且总打瞌睡、想发脾气，甚至有几个人胃不舒服。通过给他们化验得知，一个人烦闷的时候，他身体的血液和氧化作用会有所下降。一旦人们觉得工作有趣，其新陈代谢作用就会加速。

当我们在做一些很有乐趣，令人兴奋的工作时，很少感到疲倦。

比如，我最近在加拿大落基山的路易斯湖畔度假，钓了好几天的鲑鱼。我还要穿过长得比人高的树丛，跨过很多横卧在地上的横枝，可是如此辛苦了八个小时之后，我却丝毫不感到疲倦。为什么呢？因为我非常兴奋，兴致勃勃，而且觉得自己真的不虚此行：抓到了六条个头很大的鲑鱼。但是如果我觉得钓鱼是一件很烦闷的事情，那你想我会有什么感觉呢？我一定会因为在海拔七千尺的高山上这么来来回回地奔波而感到筋疲力尽的。

即使像登山这类消耗体力的活动，恐怕也不如烦闷那样容易使你疲劳。明尼那不勒斯农工储蓄银行的总裁S·H·金曼先生曾告诉过我一件事，正好可以证明这一点：

1943 年 7 月，加拿大政府要求加拿大阿尔卑斯登山部协助威尔士军团做爬山训练，金曼先生就是被请来的教练之一。他和其他一些教练——年龄大约都在 42 岁到 59 岁之间——带着那些年轻的士兵长途跋涉，越过很多冰河和雪地。再利用绳索和一些简单的工具爬上 40 尺的悬崖。他们在小月河山谷里爬了许多高峰，经过 15 个小时的登山活动之后，那些非常健壮的年轻人（他们刚刚受完六个星期的严格军事训练）全都筋疲力尽了。

他们感到非常疲劳。是否因为他们军训时肌肉练得不够结实呢？任何一个接受过严格军训的人都会认为这种问题是荒谬的。他们之所以觉得疲劳，是因为他们对登山感到厌烦，许多士兵疲倦得等不到吃饭就睡着了。可是，那些比士兵年龄要大两倍的教练们又怎么样呢？不错，他们也感到很累，却不会筋疲力尽。他们吃了晚饭后，还坐在那儿聊个把钟头。他们之所以不会疲倦到倒下的地步，是因为他们对登山有兴趣。

哥伦比亚大学的爱德华博士经过多次调查和实验得出结论："工作能量降低的真正原因是烦闷。"

杰罗米·凯恩的音乐喜剧《画舫璇宫》的主人公曾说过："能做自己喜欢做的事情的人，是最幸运的人。""这是因为他们体力更充沛，快乐更多。忧虑和疲劳都比较少。"

你兴趣所在的地方就是你能力所在的地方。

下面是一位打字小姐的例子：

她在俄克拉荷马州托沙城的一个石油公司工作。每个月她都得做一件最没意思的工作，填写石油销售报表。为了提高工作情绪，她想出一个办法，把它变成一项有趣的工作。

怎么做呢？她每天跟自己竞赛。她统计出上午打印的数量，然后争取在下午打破纪录。再统计出第一天打印的总数，争取在第二天打破纪录。这样一来，她的速度比别人快得多，而且有助于防止烦闷带来的疲劳，她因此节省下了体力和精神，在休息时间也得到了更多的快乐。

我恰好知道这个故事是真实的，因为我就娶了那个女孩子。

下面是另一位打字小姐的故事。她发现，假装工作很有意思，会使人得到很多的报偿。她叫维莉·哥顿，家住伊利诺伊州爱姆霍斯特城。她在信上讲述了下面的故事：

“我们办公室一共有四位打字员，分别替几个人打信件。我们经常因工作量太多而加班加点。有一天，一个副经理坚持要我把一封长信重打一遍，我告诉他只要改一改就行，不需要全部重打。可他对我说如果我不重来他就另外雇人了，我气得要死，为了这个职位和薪水，我只好假装喜欢重新打这封信。干着干着，我发现如果我假装喜欢工作，那我真的会喜欢，而这时我的工作速度就会加快。这种工作态度使我受到大家的好评，后来一位主管请我去做私人秘书，因为他了解我很在意做一些额外的工作而不抱怨。心理状态的转变给我带来了奇迹。”

哥顿小姐运用了汉斯·威辛吉教授的“假装”哲学，他教我们要“假装”快乐。

如果你“假装”对工作有兴趣，这一点点假装会使你的兴趣变成真的，可以减少你的疲劳、忧虑和烦闷。

几年以前，哈西·霍华做了一个决定，结果使他的生活完全改观。他把一个没有意思的工作变得很有意思。他的工作确实没意思，是在高中福利社里洗盘子、擦柜台、卖冰淇淋，而其他男孩子却在玩球或跟女孩子约会。

他很不喜欢这种工作，但他没有别的工作可做，于是，他利用这个机会来研究冰淇淋——研究冰淇淋是怎样做成的，里面有什么成分，为什么有的冰淇淋更好吃。

他研究冰淇淋的化学成分，使他成为他所在的高中化学课程的小天才。渐渐地，他对食物化学产生了浓厚的兴趣。高中毕业后，他考进了马萨诸塞州立大学，专门研究食物与营养。有一次，纽约可可公司举办了关于可可和巧克力应用方面的有奖征文活动，你猜是谁得了头奖？一点不错，正是哈西·霍华。

后来他发现很难找到工作，就在马萨诸塞州安荷斯特城北乐街750号他自己家的地下室开办了一家私人化验室。开业不久，当局通过了一条新法案：牛奶所含细菌数目必须严格计数。于是，哈西·霍华开始为安荷斯特城14家牛奶公司数细菌，而且他必须再雇两个助手。

25年以后会怎么样呢？当然，这几位目前正从事食物化学实验工作的先驱们大都已到了退休年龄，会有很多热诚的青年人来接替他们，但哈南·霍华很可能成为这一行业里的领袖人物。而当年从他手里买过冰淇淋的一些同学，都可能穷困潦倒，失业在家，抱怨自己一直找不到好工作。其实，哈南·霍华如果不是尽力把一件很没意思的差事变得有意思，恐怕他也同样没有找到好工作的机会了。

也是在好多年以前，另一个年轻人在一家工厂干一件没有太大意思的工作。他整天站在车床边加工螺丝钉，感到工作非常乏味。他想辞职，可又怕找不到工作。

既然非得做这件没意思的工作不可，那就让这件工作变得有意思吧。他下了这样的决心以后，就和旁边的一个工人展开了产量竞赛。他们的领班对他的生产速度和质量深为赞赏，不久就将他提升到一个较好的职位。当然，这只是一连串升迁的开始，最后，这位工人——山姆·瓦克南成了包尔温机车制造公司的董事长。

如果他没有设法把分内的工作变得有意，那么他也许一辈子只是一名工人。

著名的无线电新闻分析家H·V·卡腾堡曾告诉我如何将一件毫无乐趣的工作变得很有趣：

他22岁那年，在一艘横渡大西洋运牲畜的船上工作，为船上运载的牲口喂水和饲料。然后他骑着自行车周游了全英国，接着到了法国。到达巴黎时，他的积蓄花光了，只得把随身带着的照相机当了几元钱。在巴黎版的《纽约先驱报》上登了一个求职广告，找到了一份推销立体观测镜的差事。

他不会说法语，但挨门挨户地推销了一年以后，他居然挣了5 000美元的佣金，成了当年法国收入最高的推销员。

他是怎样创造奇迹的呢？

起初，他请老板用纯正的法语把他应该说的话写下来，然后背得滚瓜烂熟。他就这样去按人家的门铃，家庭主妇开门之后，他就开始背诵老板教的推销用语。他的带美国口音的法语使人觉得很滑稽，他趁此机会递上实物照片。如果对方问一些问题，他就耸耸肩说："美国人……美国人"，同时摘下帽子，把藏在帽子里的讲稿指给人家看。那个家庭主妇当然会大笑起来，他也跟着大笑，然后再给对方看更多的照片。

当卡腾堡讲述这些事情的时候，他很坦白地承认这种工作很不容易。他之所以能挺过去，就是靠着一个信念：他要把这个工作变得有乐趣。

每天早上出门之前，他都要对着镜子里的自己说："卡腾堡，如果你要吃饭，就得做这件事。既然非做不可，那你何不做得痛快一点儿呢？就假想你是一个演员，正站在舞台上，下面有很多观众正注视着你。你现在做的事就像演戏一样，何必不高兴呢？”

卡腾堡告诉我，每天给自己打气的这些话，有助于把一个他以前既恨又怕的工作变成他喜欢的事情。这让他挣得了很高的利润。

我问卡腾堡先生，是否可以给急于成功的美国青年一些忠告。他说：

“可以。每天早晨跟自己打一个赌，我们常常觉得需要做一些运动，让自己从半睡半醒状态里醒过来。但我们更需要一些精神和思想上的运动，使我们每天早上能够真正地活动起来，每天早上给自己打打气吧。”

每天早晨给自己打气，是不是一件很傻、很肤浅、很孩子气的事呢？不是的，这在心理学上是非常重要的。

1800 年前，马尔卡斯·艾吕斯在他的《沉思录》一书中写道：

“我们的生活，就是由我们的思想创造的。”

这句话在今天也同样是真理，要不断地提醒自己。

如果你在工作上得不到快乐，那你在别的地方也不可能找到，因为你一天的大部分清醒时间都花在工作上了。如果你经常给自己打气，创造工作的兴趣，那你就会把疲劳降到最低程度，这样也许就会给你带来升迁和发展。即使没有这样的好处，至少在减少了疲劳和忧虑之后，你可以更好地享受自己的闲暇时间。

第六节　不再为失眠而忧虑

如果你经常没有办法入睡，那是因为你“说”得让自己得了失眠症。

如果你睡眠不好，那你一定很忧虑吧！然而你也许不知道，国际知名的大律师撒姆尔·安特梅尔一辈子没有好好睡过一天。

他上大学时，最难受的是两件事：气喘病和失眠症。他这两种病都很严重，几乎没办法治好。于是他决定退而求其次，失眠时不在床上翻来覆去，而是下床读书。结果，他在班上每门功课成绩都名列前茅，成了纽约市立大学的奇才。

他当了律师以后，失眠症仍困扰着他，但他一点也不忧虑。他说：“大自然会照顾我。”

事实真的如此，他虽然每天睡眠很少，健康状况却一直良好，他的工作成绩超过了同事，因为别人睡觉的时候，他还是清醒的。

他在21岁的时候，年薪已高达75 000美元。1931年，他在一桩诉讼案中得到的酬金是历史上律师收入的最高纪录：100万美元。

但失眠症仍没办法摆脱。他晚上有一半时间用于阅读，清晨五点就起床。当大多数人刚刚开始工作的时候，他一天的工作差不多已经做完一半了。

他一直活到 81 岁，一辈子却难得有一天睡得很熟，但他没有为失眠而焦虑烦躁，否则他这一辈子早就毁了。

我们的一生有三分之一花在睡眠上，可是没人知道睡眠究竟是怎么回事。我们只知道睡觉是一种习惯，是一种休息状态。但我们不清楚每个人需要几个小时的睡眠，更不清楚我们是不是非要睡觉不可。

也许令人难以置信，在第一次世界大战期间，一个名叫保罗·柯恩的匈牙利士兵，脑前叶被子弹打穿了。伤愈后，他再也无法睡眠，而且不觉得困倦。

所有的医生都说他活不长了，但他却证明医生的话是没有道理的，他找到一份工作，健康生活了许多年。有时他会躺下闭目养神，却从来不能进入梦乡。

他的病例是医学史上的一个谜，也推翻了我们对睡眠的许多传统看法。

睡眠时间可能因人而异，著名指挥家托斯卡尼尼每晚只睡 5 个小时，而柯立芝总统每天却要睡 11 小时。

为失眠而忧虑所产生的损害远远超过失眠本身。我的一个学生伊拉·桑德勒，就几乎因为严重的失眠症而自杀。

下面是他的故事：

最初我睡眠很好，闹钟都吵不醒，结果每天早上上班都迟到。老板警告我，如果再睡过头，就小心丢了差事。

我的一个朋友向我建议，在睡觉时把注意力集中到闹钟上，结果那该死的滴答滴答的声音缠着我不放，让我整夜睡不着，翻来覆去，焦躁不安。到了早晨，我几乎不能动了。就这样我一直受了两个月的折磨，我想我一定会精神失常了。有时我会走来走去转上几个钟头，甚至想从窗口跳出去一死了之。

最后我找了一位医生，他说：“伊拉，我没有办法帮你的忙，如果每天晚上上床之后不能入睡，就对自己说：‘我才不在乎睡得着睡不着，就算醒着躺一夜，那也能得到休息。’”

我照他的话去做，不到两个星期就能安稳入睡了。不到一个月，我的睡眠就恢复了八小时，精神上也没有痛苦了。

使伊拉·桑德勒受到折磨的不是失眠症，而是失眠引起的焦虑。

芝加哥大学教授山尼尔·克里特曼博士，是睡眠问题的专家。他说那些为失眠忧虑的人通常获得的睡眠比自己想象的要多得多。那些指天发誓地说“昨晚眼睛都没闭一下”的人，实际上可能睡了几个钟头。

举例来说，19 世纪著名的思想家斯宾塞，到老年仍是独身。他住在寄宿宿舍，整天都在谈论自己的失眠问题，弄得别人烦得要命，他甚至在耳朵里带上耳塞来抵御外面的吵闹，有时甚至靠吃鸦片来催眠。一天晚上，他和牛津大学教授塞斯同住旅馆的一个房间，次日早晨，斯宾塞说他整夜没睡着，其实塞斯才一宿没合眼，因为斯宾塞的鼾声吵了他一夜。

要想安稳的睡一觉，第一个必要条件就是要有安全感。大卫·哈罗·芬克博士曾写过一本书，叫作《消除神经紧张》，提出和自己身体交谈的方法。他认为，语言是一切催眠法的主要关键，如果你要从失眠状态中解脱出来——你就对你身上的肌肉说：“放松，一切放松。”众所周知，肌肉紧张时，你的思想和神经就不可能放松。所以，如果我们想要入睡，就必须从放松肌肉开始。然后，为了同样的理由，把几个小枕头垫在手臂底下，使自己的下颚、眼睛、手臂和双腿放松，我们就会在还不知道是怎么回事之前入睡了。

另外一种治疗失眠的有效方法就是使你自己疲倦。你可以去种花、游泳、打网球、打高尔夫球、滑雪……这是名作家德莱塞的做法。当他还是一个为生活挣扎的年轻作家时，也曾经为失眠忧虑过。于是，他到纽约中央铁路去找了一份铁路工人的工作。在做了一天打钉和铲石子的工作之后，就疲倦得甚至于没有办法坐在那里把晚饭吃完。

假如我们十分疲倦，即使我们是在走路，大自然也会强迫我们入睡。当一个人完全筋疲力尽之后，即使在打雷或战争的恐怖和危险之下，也能安然入睡。著名的神经科医生佛斯特·甘乃迪博士告诉我说，1918 年，英国第五军撤退时，他就见过筋疲力尽的士兵随地倒下，睡得就像昏过去一样。虽然他用手撑开他们的眼皮，他们仍不会醒来。他们所有人的眼球都在眼眶里向上翻起。

“从那以后，每当我睡不着的时候，就把我的眼珠翻成那个位置。我发现，不到几秒钟，我就会开始打哈欠，睡意沉重，这是一种我没有办法控制的自动反应。”

从来没有一个人会用不睡觉来自杀。不论他有多强的控制力，大自然都会强迫一个人入睡。我们可以长久的不吃东西、不喝水，却无法不睡觉。

亨利·林克博士是心理问题公司的副总裁，他曾经和很多忧虑而颓丧的人谈过。在《人的再发现》一书中的《消除恐惧与忧虑》一章里，他谈到他曾对一个一心想自杀的人说：“反正你是要自杀的，那你至少也要像个英雄，绕着这条街跑到你累死为止吧！”

他果然去试了，不只是一次，而且试了好几次。每一次都使他觉得好受一些。到了第三天晚上，林克博士终于达到他最初想要达到的目的——这个病人由于身体疲劳（在肉体上也放松了）使他能睡得很沉。后来他参加了一个体育俱乐部，参加各种运动项目，不久就想要永远活下去了。

所以，不为失眠而忧虑的四条规则是：

一、如果你睡不着就起来工作或看书，到你打瞌睡为止。

二、从来没有人因缺乏睡眠而死，为失眠忧虑对你的损害，会比失眠更厉害。

三、让你全身放松，看一看《消除精神紧张》那本书。

四、多运动，让你因体力疲惫而无法保持清醒。

本章小结

避免疲劳和忧虑，并使你精力充沛的六个方法：

规则一：在疲劳之前休息。

规则二：学会在工作时放松情绪。

规则三：如果你是家庭主妇，请在家里休息，保护你的健康和容貌。

规则四：采用下述四种良好的工作习惯：

（1）把桌子清理好，只留下跟手头问题有关系的文件。

（2）按照重要性的次序处理事件。

（3）能当场解决的就当场解决。

（4）学会组织、授权和监督。

规则五：培养工作热情。

规则六：记住：从未有一人因不睡觉而死亡。造成损害的是担心失眠，而不是失眠本身。

第五章　如何活得精彩

第一节　如何受到别人的欢迎

在这个社会上，如果你不能想办法让自己受到别人的欢迎，而且你还很希望自己能够取得成功，那是很困难的。

人人都希望自己能受到别人的欢迎，但要做到这一点并不是很容易的。因为如果我们只是要在别人面前表现自己，使别人对我们感兴趣，我们将永远不会有许多真实而诚挚的朋友。朋友，真正的朋友，不是以这种方法来交往的。

拿破仑试过这种方法，在他跟约瑟芬最后一次见面的时候，他说："约瑟芬，我是世界上有史以来最幸运的人；但是，在此刻，你是世界上唯一能够依赖的人。"而历史怀疑他是否真的能够依赖她。

已故的维也纳著名心理学家亚佛·亚德勒写过一本叫作《人生对你的意识》的书。在那本书中，他说："不对别人感兴趣的人，他一生中的困难最多，对别人的伤害也最大。所有人类的失败，都出诸于这种人。”

你也许读过几十本有关心理学的书籍，还没见到一句对你我来说更有意义的话，亚德勒这句话意义太深长了。

有一次，我在纽约大学选修一门短篇小说写作课程，在课程中，柯里尔杂志的主编到班上讲课。他说，他拿起每天送到他桌上的数十篇小说，只要读几段，就能感觉出作者是否喜欢别人。“如果作者不喜欢别人，”他说，“别人就不会喜欢他的小说。”

这位激动的主编在讲授小说写作的过程中说，“我现在所告诉你们的，跟你们的牧师所告诉你们的是完全相同的东西。但是，请记住，你必须对别人感兴趣，如果你要成为一名成功的小说家的话。”

如果小说写作真是如此，我可以肯定，待人处世尤其需要如此。

如果我们要交朋友，就要以高兴和热诚的心情去迎接别人。当别人打电话给你的时候，说话的声音要显出你多么高兴他打电话给你。纽约电话公司开了一门课，训练他们的接线生在说“请问您要拨几号”的时候，口气要显出“早安，我很高兴为您服务。”我们明天接电话的时候，也一定不要忘了这点。

对别人显示你的兴趣，不但可以让你交到许多朋友，还可以为你的公司增加客户的信任感。在纽约一家北美国家银行出版的刊物中，登出一位存户梅得·罗丝黛的信。

“我真希望您知道我是多么欣赏您的行员。每一个人都是如此的有礼、热心。在排了长时间的队之后，有位行员亲切地跟你打招呼，真是令人感到愉快。

“去年我母亲住了五个月的院。我经常碰到一位行员——

玛依·派翠西萝，她很关心我母亲，还问了她的近况。”

罗丝黛是否会继续和这家银行往来，实在是不用怀疑了。

要表示你的关切，这跟其他人际关系一样，必须是诚挚的。这不仅使得付出关切的人有些成果，接受这种关切的人也是一样。它是条双向道，当事人双方都会受益。

有一位在纽约长岛参加我课程的马汀·金斯柏曾提到，一位护士给他的关切深深地影响了他的一生：

“那天是感恩节，我只有十岁，正因社会福利制度而住在一家市立医院，预定明天就要动一次大整形手术。我知道以后几个月都是一些限制和痛苦了。我父亲已去世，我和我妈妈住在一个小公寓里，靠社会福利金维生。那天我妈妈刚好不能来看我。

“那天，我完全被寂寞、失望、恐惧的感觉所压倒。我知道妈妈正在家里为我担心，而且是孤零零的一个人，没人陪她吃饭，甚至没钱吃一顿感恩节晚餐。

“眼泪在我的眼眶里打转，我把头埋进了枕头下面，暗自哭泣，但全身都因痛苦而颤抖着。

“一位年轻的实习护士听到我的哭声，就过来看我。她把枕头从我头上拿开，拭去了我的眼泪。她跟我说她非常寂寞，因为她必须在这天工作而无法跟家人在一起。她又问我愿不愿和她一同进晚餐。她拿了两盘东西进来：有火鸡片、马铃薯、草莓酱和冰淇淋甜点。她跟我聊天并试着消除我的恐惧。虽然她本应四点就下班的，可她一直陪我到将近十一点才走。她一直跟我玩，聊天，等到我睡了才离开。

“十岁以前，我过了许多的感恩节，但这个感恩节永远不会消失，我还记得那沮丧、恐惧、孤寂的感觉，突然，一个陌生人的温情使那些感觉消失了。”

如果你要别人喜欢你，或是培养真正的友情，还是既要帮助别人又是帮助自己，就把这条原则记在心里。

“对别人表现出诚挚的关切。”

一个人的面部表情，比穿着更重要。笑容能照亮所有看到它的人，像穿过乌云的太阳，带给人们温暖。

我在纽约参加过一个宴会，其中一名宾客——一个获得遗产的妇人，急于留给每一个人一个良好的印象。她浪费了好多金钱在黑貂皮大衣、钻石和珍珠上面。但是，她对自己的面孔却没下什么功夫。她的表情尖酸、自私。她没有发现每一个男人所看重的是一个女人面孔的表情，这远比她身上所穿的衣服更重要。

查尔斯·史考伯对我说过，他的微笑价值一百万美金。他可能只是轻描淡写而已，因为史考伯的性格、魅力，他那使别人喜欢他的才能，几乎全是他取得卓越成功的原因。他的性格中，令人喜欢的一项因素是他那动人的微笑。

有天下午，我跟莫里斯·雪佛莱在一起。我感到失望，他怏怏不乐，沉默寡言，跟我所期望的完全不同，直到他微笑的时候，我的观感才改变，就好像是太阳冲破了云层。如果不是因为微笑，莫里斯·雪佛莱可能仍然是巴黎的一位家具制造者，跟他的父兄一样。

我认为行动比言语更具有力量，而微笑所表示的是“我喜欢你，你使我快乐，我很高兴见到你。”

这就是为什么狗这么受人们欢迎的原因。它们高兴见到我们，因此，我们也就高兴见到它们。

一个婴儿的微笑也有相同的效果。

你是否在医院的候诊室待过？看着四周的病人和他们沉郁的脸。密苏里州雷顿市的兽医史蒂芬·史包尔博士提到，有一个春天，他的候诊室里挤满了顾客，带他们的宠物准备注射疫苗。没有人在聊天，也许每一个人都想了一件以上该做的事情，而不是坐在那儿浪费时间。大约有六七个顾客在等着，之后又有一位女顾客进来了，带着她九个月大的孩子和一只小猫。幸运的是，她就坐在一位先生旁边，而这位先生已等得不耐烦了。可是他发觉，那孩子正抬着头注视着他，并对他无邪地笑着。这位先生反应如何呢？跟你我一样，当然他也对那个孩子笑了笑。然后他就跟这位女顾客聊起她的孩子和他的孙子来了。一会儿，整个候诊室的人都聊了起来，整个气氛就从乏味、僵硬而变成了一种愉快。

一种不真诚的狞笑骗不了任何人。我们知道那种笑是机械式的，最让人讨厌的。而我所说的是一种真正的微笑，一种令人心情温暖的微笑，一种发自内心的微笑，这种微笑才能在市场上卖得好价钱。密西根大学的心理学家詹姆士·麦克奈尔教授谈到他对笑的看法时说：有笑容的人在管理、教导、推销上较会有功效，更可以培养快乐的下一代。笑容比皱眉更能传达你的心意，这就是在教学上要以鼓励代替处罚的原因所在了。纽约大百货公司的一个人事经理告诉我，他宁愿雇用一名有可爱笑容而没有念完中学的女孩，也不愿雇用一个摆着扑克面孔的哲学博士。

笑的影响是很大的，即使它本身无法看到。遍布美国的电话公司有个项目叫“声音的威力”，在这个项目里，电话公司建议你在接电话时要保持笑容，而你的“笑容”是由声音来传达的。

俄亥俄州辛辛那提一家电脑公司的经理告诉我们他如何为一个很难填补的缺额找到了一位适当的人选。

“我为了替公司找一个电脑博士几乎伤透脑筋，最后我找到一个非常好的人选，刚要从普度大学毕业。几次电话交谈后，我知道还有几家公司也希望他去，而且都比我的公司大而且有名。当他接受这份工作时，我真的是非常高兴。他开始上班时，我问他，为什么放弃其他的机会而选择我们公司？

“他停了一下，然后说：‘我想是因为其他公司的经理在电话里是冷冰冰的，商业味很重，那使我觉得好像只是一次生意上的往来而已。但你的声音听起来似乎你真的希望我能够成为你们公司的一员。你可以相信，我在听电话时是笑着的。’”

美国一家最大的橡胶公司的一名董事长对我说，根据他的观察，一个人除非对自己的事业很感兴趣，否则将很难成功。这位实业界的领袖对那句单靠十年寒窗就可成名的古语并不具有多大的信心。“我认识一些人，他们成功了，因为他们创业的时候满怀兴致。后来，我看到这些人变成工作的奴隶，无聊起来了。他们一点兴致也没有，因此失败了。”

你见到别人的时候，一定要很愉快，如果你也期望他们很愉快地见到你的话。

我鼓励成千上万的商人，花一个星期的时间，每天二十四个小时都对别人微笑，然后再回到班上来，谈谈所得到的结果。情形如何呢？这是威廉·史坦哈写来的一封信，他是纽约证券股票场外市场的一员。他的例子并不是独一无二的。事实上，他是好几百人中的典型例子。

“我结婚已经十八年多了，”史坦哈在信上说，“在这段时间里，从我早上起来，到我要上班的时候，我很少对我太太微笑，或对她说上几句话。我是百老汇最闷闷不乐的人。

“既然你要我以微笑的经验发表一段谈话，我就决定试一个星期看看。因此，第二天早上梳头的时候，我就看看镜中我的满面愁容，对自己说，‘你今天要把脸上的愁容一扫而空，你要微笑起来，你现在就开始微笑。’当我坐下吃早餐的时候，我以‘早安，亲爱的’跟我太太打招呼，同时对她微笑。

“你曾说，她可能大吃一惊。你低估了她的反应。她被搞糊涂了，她惊愕不已。从此以后，我这种态度成为惯常的事情。我每天早晨这样做已经有两个月了。

“这种做法改变了我的态度，在这两个月中，我们家所得到的幸福比去年一年还多。

“现在，我要去上班的时候，就会对大楼的电梯管理员微笑着说一声‘早安’，我以微笑跟大楼门口的警卫打招呼；我对地下火车的出纳小姐微笑，当我跟她换零钱的时候；当我站在交易所时，我对那些以前从没见过我微笑的人微笑。

“我很快就发现，每一个人也对我报以微笑。我以一种愉悦的态度来对待那些满肚子牢骚的人。我一面听着他们的牢骚，一面微笑，于是，问题就容易解决了。我发现微笑带给我更多的收入，每天都带来更多的钞票。

“我跟另一位经纪人合用一间办公室。他的职员之一是个很讨人喜欢的年轻人，我告诉他最近我所学到的做人处世哲学，我很为所得到的结果而高兴。他接着承认说，当我最初跟他共用办公室的时候，他认为我是个闷闷不乐的人——直到最近，他才改变看法。他说当我微笑的时候，我充满慈祥。

“我也改掉批评他人的习惯。我现在只赏识和赞美他人，而不蔑视他人。我已经停止谈论我所要的，我现在试着从别人的观点来看事物，而这真的改变着我的人生。我变成一个完全不同的人，一个更快乐的人，一个更富有的人，在友谊和幸福方面很富有——这些才是真正重要的事物。”

请记住，写这封信的是一位老练、足迹遍达世界各地的股票经纪人，他以在纽约场外证券交易市场买卖证券为生——这一行太难干了，每百个就有九十九个失败。

如果你不喜欢微笑，那怎么办呢？有两种方法：第一，强迫你自己微笑。如果你是单独一个人，强迫你自己吹口哨或哼一曲，表现出你似乎已经很快乐，这就容易使你快乐了。

下面是已故的哈佛大学威廉·詹姆斯教授的说法：

“行动似乎是跟随在感觉后面，但实际上，行动和感觉是并肩而行的。行动在意志的直接控制下，而我们能够间接地控制不在意志直接控制下的感觉。

“因此，如果我们不愉快的话，要变得愉快的主动方式是愉快地笑起来，而且言行都好像是已经愉快起来。”

世界上的每一个人，都在追求幸福。有一个可以得到幸福的可靠方法，就是以控制你的思想来得到。幸福并不是依靠外在的情况，而是依靠内在的情况。

决定你幸福或不幸福的，不在于你有什么，或你是谁，或你在什么地方，或你正在做什么，而是你怎么想。例如说，两个人也许在同一个地方做同样的事；双方也许拥有等量的金钱和声望——但其中之一也许很难过，另一个快乐。为什么？因为各人的想法不同。

在酷热的热带地区，那些可怜的农奴用他们原始的农具耕作着，在他们身上我们看到了许多快乐的脸孔。而这些快乐的脸孔却无异于我们在纽约、芝加哥、洛杉矶的冷气办公室里所看到过的。

“没有什么事是好的或坏的，”莎士比亚说，“但思想却使其有所不同。”

细读艾勃·哈巴德这段贤明的忠告：

“每回你出门的时候，把下巴缩进来，头抬得高高的，肺部充满空气；沐浴在阳光中；微笑着招呼你的朋友们，每一次握手都使出力量。不要担心被误解，不要浪费一分钟去想你的敌人。试着在心里肯定你所喜欢做的是什么；然后，在清楚的方向之下，你会径直地达到目标。心里想着你所喜欢做的伟大而美好的事情，然后，当岁月消逝的时候，你会发现自己掌握了实现你的希望所需要的机会，正如珊瑚虫从潮水中汲取所需要的物质一样。在心中想象着那个你希望成为的有办法的、诚恳的、有用的人，而你心中的思想，每一个小时都会把你转化为那个特殊的人。思想是至高无上的。

“保持一种正确的人生观——一种勇敢的、坦白的、愉快的态度。思想正确，就等于是创造。一切的事物，都来自于希望，而每一个诚恳的祈祷，都会实现出来。我们心里想什么，就会变成什么。把下巴缩进来，把头部高高昂起。我们是明天的神仙。”

古代的中国人，真是聪明绝顶——对世界上的事物看得很透彻。他们有一则格言，我们都应该把它别在帽子里。那则格言说：“和气生财。”（一个没有微笑面孔的人，不能做生意。）

你的笑容就是你好意的信使。你的笑容能照亮所有看到它的人。对那些整天都看到皱眉头、愁容满面、视若无睹的人来说，你的笑容就像穿过乌云的太阳；尤其对那些受到上司、客户、老师、父母或子女的压力的人，一个笑容能帮助她们了解一切都是有希望的，也就是世界是有欢乐的。

说到做生意，佛兰克·尔文·弗莱奇在他为欧本·海默和卡林公司制作的一则广告中，对我们提供了一点实用的哲学，这是对微笑的赞美。

微笑在圣诞节的价值

它不花什么，但创造了很多成果。

它丰盛了那些接受的人，而又不会使那些给予的人贫瘠。

它产生在一刹那之间，但有时给人一种永远的记忆。

没有人富得不需要它，也没有人穷得不会因为它而富裕起来。

它在家中创造了快乐，在商业界建立了好感，而且是朋友间的口碑。

它是疲倦者的休息，沮丧者的白天，悲伤者的阳光，又是大自然的最佳良药。

但它却无处可买，无处可求，无处可借，无处可偷，因为在你把它给予别人之前，没有什么实用的价值。

假如在圣诞节最后一分钟的匆忙购物中，我们的店员累得无法给你一个微笑时，我们能请你留下一个微笑吗？

因为不能给予微笑的人，最需要微笑了！因此，如果你要别人喜欢你的话，请遵守这条规则：

“微笑。”

我认为，打动人心的最佳方式是，跟他谈论他最珍贵的事物。当你这么做时，不但会受到欢迎，也会使生命获得扩展。

只要曾经拜访过罗斯福的人，都会惊讶于他的博学。不论你是个小牛仔、政治家或外交官，他都能针对你的特长而谈。其实这个道理很简单，当罗斯福知道访客的特殊兴趣后，他会预先研读这方面的资料以作为话题。

因为罗斯福知道，抓住人心的最佳方法，就是谈论对方所感兴趣的事情。

纽约银行业巨子杜威诺已先生说道：“我仔细研究过有关人际关系的丛书，发现必须改变策略，我决定去找出这个人的兴趣，想办法激起他的热诚。”

所以，如果你希望别人喜欢你，就要抓住其中的诀窍：

了解对方的兴趣，针对他所喜欢的话题与他聊天。

你遇到的每个人，都认为他在某些方面比你优秀；而一个绝对可以赢得他欢心的方法是，以不着痕迹的方法让他明白，他是个重要人物。

人类行为有一条重要的原则，如果你遵循它，就会为自己带来快乐，如果你违反了它，就会陷入无止境的挫折中，这条法则就是：“尊重他人，满足对方的自我成就感。”如杜威教授曾说的：人们最迫切的愿望，就是希望自己能受到重视。

我曾一再强调，就是这股力量促使人类创造了文明。

哲学家们经过千年的沉思，悟出人类行为的奥妙，其实这不是一项多么新的发明，古圣先贤、中外哲人一再教导我们的就是：己所不欲，勿施于人。己所欲者，亦施于人。

你希望周围的人喜欢你，你希望自己的观点被人采纳，你渴望听到真正的赞美，你希望别人重视你……

那么，让我们自己先来遵守这条诫令：你希望别人怎么待你，你先怎么对待别人。

不要想等你做了大官，干了大事业后才开始奉行这条法则，只要你随时随地遵循它，就会为你带来神奇的效果。

实际上，每个人都有他的优点，都有值得为他人所学习的长处，承认对方的重要性，并表达由衷的赞美，就能够化解许多冲突与紧张。

如果你想每天得到快乐，决不能责怪你夫人的治家本领，也不能拿她和你母亲做不利的比较。相反，你要经常赞美她把家治理得井井有条，而且要公开表示你很幸运娶了一个既有内在美又有外在美的女人，甚至当牛排像羊皮、面包像黑炭时，也不要抱怨，只说这些东西做得没有她平常的那么好，她就会在厨房里拼命努力，以便达到你所期望的程度。

当然，不要突然开始这么做——否则她会怀疑的。

你可以从今天晚上或明天晚上开始，买一束花或一盒糖，多说些关心的话，多对她温柔地微笑……如果每对夫妻都能这么做，世间还会有这么多的离婚发生吗？

所以，如果你希望别人喜欢你，那么另一个诀窍是：

尊重别人，让对方认为自己是个重要的人物，满足他的成就感。

哈佛大学校长查尔斯·伊里特博士之所以能成为一个杰出的大学校长，也是因为他无限地对别人尊重、感兴趣。

一天，一个名叫克兰顿的大学生到校长室中申请一笔学生贷款，被获准了，克兰顿万分感激地向伊里特道谢。正要退出时，伊里特说："有时间吗？请再坐一会儿。"接着，学生十分惊奇地听到校长说："你在自己的房间里亲手做饭吃，是吗？我上大学时也做过。我做过牛肉狮子头，你做过没有？要是煮得很烂，这可是一道很好吃的菜呢！"接下去，他又详细地告诉学生怎样挑选牛肉，怎样用文火焖煮，怎样切碎，然后放冷了再吃。

"你吃的东西必须有足够的份量。"校长最后说。

了不起的哈佛大学校长！有谁会不喜欢这样的人呢？

任何人，屠夫、面包师、国王，都喜欢那些欣赏和关心他们的人。第一次世界大战结束的时候，德国的威廉皇帝为了保全自己的生命而逃往荷兰，人民对他恨之入骨，不少人想把他碎尸万段，或者活活烧死，可是却有一个小男孩儿写了一封简单而诚挚的信给这位德皇。这个小男孩儿说："不管别人怎么样，我永远只喜欢威廉当我的皇帝。"这封信把德皇深深地打动了，他邀请小男孩儿同他的母亲一起去见他。不久，德皇就同小男孩的母亲结婚了。这是一件富有传奇色彩的真实的事情，我们从中不是可以悟出一个道理吗？人是需要别人对他感兴趣的。

努力学会为别人效力，做那些不惜花时间、精力和诚心诚意为别人设想的事情，这样才能获得真正的朋友。

第二节　怎样对待工作和金钱

希望在人生中取得成功的人，最关键的是你的态度，你怎样对待工作和金钱，决定了你的人生会取得怎样的成就，也决定了你的人生是否快乐。

在对待工作和金钱问题上，每一个人的看法都可能有所不同。我相信我的这些观点一定会对我们有极大的启发意义。

我认为，如果你的年龄在十八岁以下，那么，你可能即将做出你生命中最重要的两项决定——这两项决定将深深地改变你的一生。这两项决定对你的幸福、你的收入、你的健康可能有深远的影响；这两项决定可能造就你，也可能毁灭你。

这两个重大决定是什么？

第一：你将如何谋生？

你将做一名农夫、邮差、化学家、森林管理员、速记员、兽医、大学教授，或是你想摆一个牛肉饼摊子？

第二：你将选择谁做你孩子的父亲或母亲？

这两项大决定，通常都像赌博。哈里·艾默生·佛斯迪克在他的《透视的力量》一书中说：“每位小男孩儿在选择如何度过一个假期时，都是赌徒。他必须以他的日子做赌注。”

你如何才能降低选择假期时的赌博性？如果你喜欢你所从事的工作，你工作的时间也许很长，但却丝毫不觉得是在工作，反倒像是游戏。

爱迪生就是一个好例子。这位未曾进过学校的送报童，后来却使美国的工业生活完全改观。爱迪生几乎每天在他的实验室里辛苦工作十八个小时，在那里吃饭、睡觉，但他丝毫不以为苦。“我一生中从未做过一天工作，”他宣称，“我每天乐趣无穷。”

查理斯·史兹韦伯说过和这差不多的话。他说：“每个从事他所无限热爱的工作的人，都可以成功。”

我认为，多数人的忧虑、悔恨和沮丧，都是因为重视工作而引起的。关于这种情形，你可以问问你的父亲、邻居或是你的老板。智慧家约翰·史都家·米勒宣称，工人无法适应工作，是“社会最大的损失之一”。世界上最不快乐的人，也就是憎恨他们日常工作的“产业工人”。

威廉·孟宁吉博士是我们当代最伟大的精神病专家之一，他在第二次世界大战期间主持陆军精神病治疗部门，他说：“我们在军中发现挑选和安置的重要性，就是说要适当的人去从事一项适当的工作，最重要的是，要使人相信他手头工作的重要性。当一个人没有兴趣时，他会觉得他是被安排在一个错误的职位上，他会觉得他不受欣赏和重视，他会相信他的才能被埋没了，在这种情况下，我们发现，他若没有患上精神病，也会埋下精神病的种子。”

即使会引起家庭纠纷，但我仍然奉劝年轻朋友们：不要只因为你家人希望你那么做，就勉强从事某一行业。不要贸然从事某一行业，除非你喜欢。不过，你仍然要仔细考虑父母给你的劝告。他们的年纪可能比你大一倍。他们已获得那种唯有从众多经验及过去岁月中才能得到的智慧。但是，到了最后分析时，你自己必须做最后决定。将来工作时，体会快乐或悲哀的是你自己。

根据《妇女家庭月刊》所做的一项调查，我们百分之七十的烦恼都跟金钱有关。盖洛普民意测验协会主席盖洛普·乔治说，从他所做的研究中显示，大部分人都相信，只要他们的收入增加百分之十，就不会再有任何财政的困难。在很多例子中确实如此，但是令人惊讶的是，有更多例子则并不尽然。我曾向预算专家爱尔茜·史塔普里顿夫人请教。她曾担任财政顾问多年，以个人指导员身份，帮助那些被金钱烦恼拖累的人。她帮助过各种收入的人，从一年赚不到一千美元的行李员，至年薪十万美元的公司经理。她说："对大多数人来说，多赚一点钱并不能解决他们的财政烦恼。"

事实上，收入增加之后，并没有什么帮助，只是徒然增加开支——增加头痛。"使多数人感觉烦恼的，"她说，"并不是他们没有足够的钱，而是不知道如何支配手中已有的钱！"

我本人也有过财政困难：曾在密苏里的玉米田和谷仓做过每天十小时的劳力工作。我辛勤地工作，直至腰酸背痛。我当时所做的那些苦工，并不是一小时一块美金的工资，也不是五毛钱，也不是十分钱。我那时所拿的是每小时五分钱，每天工作十小时。

我知道一连二十年住在一间没有浴室、没有自来水的房子里是什么滋味；知道睡在一间零下十五度的卧室中是什么滋味；知道徒步数里远，以节省一毛钱，以及鞋底穿洞、裤子打补丁的滋味；也尝过在餐厅里尽点最便宜的菜，以及把裤子压在床垫下的滋味——因为没钱将它们交给洗衣店。

然而，在那段时间，我仍设法从收入中省下几个钱，因为如果不那么做，心里就不安。由于这段经验，我终于明白，如果你我渴望避免负债以及避免金钱烦恼，我们就必须和一些公司一样：必须拟订一个花钱的计划，然后根据那项计划来花钱。可惜，我们大多数人都不这样做。黎翁·西蒙金指出，人们在处理金钱事务时，会表现得格外盲目。有位他认识的会计员，在公司工作时，对数字精明得很，但等到他处理个人财务时却不是这样。如果这个人在星期五中午拿到薪水，他会走到街上去，看到商店橱窗有件让他着迷的大衣，就毫不犹豫地将它买下来——从不考虑房租、电费以及所有各项“杂”费迟早都要由这个薪水袋里抽出来付掉。然而这个人却又知道，如果他所服务的那家公司以这种贪图目前享受的方式来经营，则公司势必破产。

有件事需要考虑：当牵涉到金钱时，就等于是在为自己经营事业。而如何处理金钱，实际上也确实是“自家”的事，别人无法帮忙。

我们如何展开预算和计划？以下有十条规则。

1．把事实记在纸上

亚诺·班尼特五十年前到伦敦，立志做一名小说家，当时他很穷，生活压力大，所以他把每一便士的用途记录下来。

他十分欣赏这个方法，不停地保持这一类记录，甚至在他成为世界闻名的作家、富翁，拥有一艘私人游艇之后，还保持这个习惯。

约翰·洛克菲勒也有这种总账。他每天晚上祷告之前，总要把每便士的钱花到哪儿去了弄个一清二楚，然后才上床睡觉。

你我也一样，去拿个本子来，开始记录，当然不需要记录一辈子。预算专家建议我们，至少在最初一个月要把我们所花的每一分钱做准确的记录——如果可能的话，可做三个月的记录。这只是提供我们一个正确的记录，使我们知道钱花到哪儿去了，然后我们就可依此做一预算。

2．拟出一个真正适合你的预算

史塔普里顿夫人说，假设有两个家庭比邻而居，住同样的房子，同样的郊区，家里孩子数一样，收入也一样——然而，他们的预算需要却会截然不同。为什么？因为人性是各不相同的。她说，预算必须按照各人的需要来拟订。

预算的意义，并不是要把所有的乐趣从生活中抹杀。真正的意义在于给我们物质安全感——从很多情况下来说，物质安全感就等于精神安全和免于忧虑。

但怎么进行呢？首先，必须把所有的开支列出一张表来，然后要求指导。你可以写信到华盛顿的美国农业部，索取这一类的小册子。在某些大城市主要的银行都有专家顾问，他们将乐于和你讨论你的财务问题，并帮你拟订一项预算。

3．学习如何聪明地花钱

学习如何使你的金钱得到最高价值。所有大公司都设有专门的采购人员，他们只是设法替公司买到最合理的东西。你我何不这样做？

4．不要因你的收入增加而头痛

史塔普里顿夫人说，她最怕的就是被请去为年薪五千美元的家庭拟订预算。“因为，”她说，“每年收入五千美元（当时的标准），似乎是大多数美国家庭的目标。他们可能经过多年的辛苦奋斗才达到这一标准，当他们的收入达到每年五千美元时，他们就认为已经‘成功’了。他们开始大肆扩张，在郊区买栋房子——‘只不过和租房子花一样多的钱而已。’买部车子，买新家具以及许多新衣服——等发觉时，他们已进入赤字阶段了。他们实际上比以前更不快乐——因为他们把增加的收入花得太快了。”

这是很自然的。我们都希望获得更高的生活享受。但从长远方面来看，到底哪一种方式会带给我们更多的幸福——强迫自己在预算之内生活，或是让催账单塞满你的信箱，以及债主猛敲你的大门？

5．如果你必须借贷，设法争取银行贷款

医药、火灾以及紧急开销的保险对于各种意外、不幸及可意料的紧急事件，都有小额的保险可供投保。

这并不是建议你从在澡盆里滑倒至染上德国麻疹的每件事皆投上保险，但建议你不妨为自己投保一些主要的意外险，否则，万一出事，不但花钱，也很令人烦恼。这些保险的费用都很便宜。

6．不要让保险公司以现金形式将你的人寿保险付给你的受益人

如果你投保人寿险是为了在你死后能照顾家人，那么，绝不可让保险公司一次将大批钞票付给你的受益人。

马利翁·艾尔利夫人是纽约市人寿保险研究所妇女组主任。她在美国各地的妇女俱乐部演讲，指出不让寡妇领取人寿保险金而改为领取终生收入的好处。她提及一位收到二万美元人寿保险现金的寡妇，她将钱借给儿子开创汽车零件事业。可是儿子的事业失败了，她现在穷困潦倒，三餐不继。她提到另外一位寡妇，被一位油腔滑调的房地产经纪人所诱，把大部分人寿保险金拿来购买一些“保证在一年之内增值一倍”的空地。三年之后，她把土地卖掉了，却只拿回当初投资的十分之一。她又提到另外一位寡妇，在领取了一万五千美元的人寿保险金的十二个月以后，就必须向儿童福利协会申请补助款抚养她的子女。

多年以前，《星期六晚邮》在其社论中说："众人皆知，由于妇女多半未受商业训练，又无银行替她拿主意，因此，她很可能在第一个狡猾的掮客向她进行游说之后，就贸然把她丈夫的人寿保险金拿去购买不稳定的股票。任何一位律师或银行家都可以举出这类例子：节俭的丈夫多年省吃俭用积存的终生存款，只因为他的寡妇或孤儿相信某位靠骗取女人为生的骗子，而将之全部花光。"

如果你想在死后保障妻子儿女的生活，何不向J·P·摩根学习？他是当代最伟大的金融专家之一。他把遗产分赠给十六个受益人，其中十二位都是妇人。他留给这些妇女的不是现金而是有价证券，使这些妇女每月都可得到固定收入。

7. 教导子女养成对金钱负责的态度

史蒂拉·威斯顿·吐特告诉我们，她如何教导她的小女儿养成对金钱的责任感。她从银行里取得一本特别储金簿，交给她九岁的女儿。每当小女儿得到每周的零用钱时，就将零用钱"存进"那本储金簿中，母亲则自任银行。然后，在那个星期之中，每当她须使用一毛钱或一分钱时，就从账簿中"提出"，把余款结存详细记录下来。这位小女孩儿不仅从中得到很多乐趣，而且也学会了如何处理金钱的责任感。

这真是好办法。如果你有就读高中的儿子或女儿，而你希望他们学习如何处理金钱，就请学学上述的做法，或许对你有益。

8. 如果你是家庭主妇，也许可在家中赚一点外快

如果你在聪明地拟好开支预算之后，仍然发现无法弥补开支，那么你可以选择下述两事之一：你可以咒骂、发愁、担心、抱怨，或者你可想办法赚一点额外的钱。怎么做呢？想赚钱，只需找人们最需要而目前供应不足的东西。

家住纽约杰克森山庄的娜莉·史皮尔夫人就这么做。一九三二年，她的丈夫已去世，两个儿子都已结婚。有一天，她到一家餐馆的苏打水柜台买冰淇淋，发现柜台也兼卖水果饼，但那些水果饼看起来实在令人不敢恭维。她问店主愿不愿向她买一些真正的家制水果饼。

她做了两块水果饼，“虽然我自己也是个好厨师，”史皮尔夫人讲述她的故事，“但以前我们住在佐治亚州时，一直有女佣，我亲手烘制饼干的次数大概只有十多次而已。在那位店主向我预订两个水果饼之后，我向一位邻居请教了制苹果饼的方法。结果，那家餐厅的顾客对我最初的两块水果饼——一块苹果，一块柠檬——赞不绝口。餐厅第二天就预订了五块，接着，其他餐馆也陆续向我订货。在两年之内，我已经成为每年必须烘制五千块饼的家庭主妇。我是单独一人在自己的小厨房内完成全部工作的，我一年收入已高达一万美元，除了一些制饼的材料之外，我一毛钱也没多花。”

“我一生中从未如此快乐过，”史皮尔夫人说，“我一天工作十二至十四小时，但我从不觉得厌倦，因为对我来说，那根本不算是工作，那是生活中的奇异经验。我只是尽我的能力来使人们更加快乐，我太忙碌了，无暇忧愁或寂寞。我的工作为我弥补了母亲及丈夫逝世后所留下来的家庭空隙。”

娥拉·史令达夫人也有相同的看法。她住在有三万人口的伊利诺伊州梅梧市。她就在厨房里以一毛钱价值的原料开创了事业。她的丈夫生病了，她必须赚点钱补贴家用。但她没有经验，没有技术，没有资金，只是一名家庭主妇。她从蛋中取出蛋清加上一些糖，在厨房里做了一些饼干，然后她捧了一盘饼干站在学校附近，将饼干售给正放学回家的学童，一块饼干一分钱。

“明天多带点钱来，”她说，“我每天都会带着饼干在这儿。”第一周，她不止赚了四元一角五，同时也为生活带来情趣。她为自己及儿童们带来了快乐，现在没有时间去忧愁了。后来，她将生意进一步扩展，现在已拥有19家店铺。

娜莉·史皮尔和娥拉·史令达不为金钱而烦恼，反而采取积极的做法。她们以最小的方式从厨房出发——没有租金，没有广告费，没有薪水。在这种情况下，一名妇人要被财务烦恼拖垮，几乎是不可能的。

有许多书籍教导你如何利用余暇时间赚钱，你可到图书馆借阅。不管男人、女人，皆有许多工作机会，但除非你天生有推销的才能，否则不要尝试去挨家挨户推销。大部分人都痛恨这份工作，终告失败。

9．不要赌博

我认识美国最佳的一名赌赛马的老手，他是成人教育班上的一名学生。他说，根据他对赛马具备的所有认识，他无法从赌赛马中赚到钱。然而，每年却有众多的傻子，在赛马中赌下六十亿美金的钱。这位赛马老手同时说，如果他想毁灭他的敌人，再也没有比说服这位敌人去赌赛马更好的方法了。

10．如果我们无法改善我们的经济情况，不妨宽恕自己

如果我们不可能改善我们的经济情况，也许我们可改进心理态度。记住，其他人也有他们的财务烦恼。我们可能因为经济情况比琼斯家差而烦恼；但琼斯家可能因为比不上李兹家而烦恼；而李兹家又因为跟不上范德比家而懊恼。

美国历史上著名的人物也有财务烦恼。林肯和华盛顿都必须向人借贷才能启程前往首都就任总统。

要是我们得不到我们所希望的东西，最好不要让忧虑和悔恨来苦恼我们的生活。让我们原谅自己，学得豁达一点。根据古希腊哲学家艾皮科蒂塔的说法，哲学的精华就是："一个人生活上的快乐，应该来自尽可能减少对外来事物的依赖。"

罗马政治家及哲学家塞尼加也说："如果你一直觉得不满，那么即使你拥有了整个世界，也会觉得伤心。"

让我们记住，即使我们拥有整个世界，我们一天也只能吃三餐，一次也只能睡一张床——即使是一个挖水沟的工人也可如此享受；而且他们可能比洛克菲勒吃得更津津有味，睡得更安稳。

第三节　怎样放弃怨恨

让自己学会宽容，学会放弃怨恨，只有这样，你的生命中才会充满更多的快乐，也才有可能洒满更多朋友爽朗的笑声。

"要是自私的人想占你的便宜，就不要去理会他们，更不要想去报复。当你想跟他扯平的时候，你伤害自己的比伤到那人的更多。"这段话听起来好像是什么理想主义者所说的，其实不然，这段话出现在一份由米尔瓦基警察局发出的通告上。

报复怎么会伤害你呢？伤害的地方可多了。根据《生活》

杂志的报道，报复甚至会损害你健康。“高血压患者最主要的特征就是容易愤慨，”《生活》杂志说，“愤怒不止的话，长期性的高血压和心脏病就会随之而来。”

现在你该明白耶稣所谓“爱你的仇人”不只是一种道德上的教训，而且是在宣扬一种20世纪的医学。他是在教导我们怎样避免高血压、心脏病、胃溃疡和许多其他的疾病。

我的一个朋友最近发了一次严重的心脏病，医院命令他躺在床上，不论发生任何事情都不能生气。医生们都知道，心脏衰弱的人，一发脾气就可能送掉性命。在华盛顿州的史泼坎城，有一个饭馆老板就是因为生气而死去。

我面前有一封华盛顿州史泼坎城警察局局长杰瑞史瓦脱来的信。信上说：“几年以前，六十八岁的威廉·传坎伯在史泼坎城开了一家小餐馆，因为他的厨子一定要用茶碟喝咖啡而使他活活气死。当时那位小餐馆的老板非常生气，抓起一把左轮枪去追那个厨子，结果因为心脏病发作而倒地死去——手里还紧紧抓着那把枪。验尸官的报告宣称：他因为愤怒而引起心脏病发作。”

当耶稣说“爱你的仇人”的时候，他也是在告诉我们：怎么样改进我们的外表。有这样一些女人，她们的脸因为怨恨而有皱纹，因为悔恨而变了形，表情僵硬。不管怎样美容，对她们容貌的改进，也不及让她心里充满了宽容、温柔和爱所能改进的一半。

怨恨的心理，甚至会毁了我们对食物的享受。圣经上说：

“怀着爱心吃菜，也会比怀着怨恨吃牛肉好得多。”

要是我们的仇家知道我们对他的怨恨使我们精疲力竭，使我们疲倦而紧张不安，使我们的外表受到伤害，使我们得心脏病，甚至可能使我们短命，他们不是会额手称庆吗？

即使我们不能爱我们的仇人，至少我们要爱我们自己；我们要使仇人不能控制我们的快乐、我们的健康和我们的外表。

就如莎士比亚所说的：

“不要因为你的敌人而燃起一把怒火，热得烧伤你自己。”

当耶稣基督说，我们应该原谅我们的仇人“七十个七次”的时候，他也是在教我们怎样做生意。

我们也许不能像圣人般去爱我们的仇人，可是为了我们自己的健康和快乐，我们至少要原谅他们，忘记他们，这样做实在是很聪明的事。

这也是前纽约州长威廉·盖诺所抱定的政策。他被一份内幕小报攻击得体无完肤之后，又被一个疯子打了一枪，几乎送命。当他躺在医院为生命挣扎的时候，他说：“每天晚上我都原谅所有的事情和每一个人。”

这样做是不是太理想主义了呢？是不是太轻松、太好了呢？如果是的话，就让我们来看看那位伟大的德国哲学家，也就是“悲观论”的作者叔本华的理论。他认为生命就是一种毫无价值而又痛苦的冒险，当他走过的时候，好像全身都散发着痛苦，可是他绝望的深处，叔本华说道：“如果可能的话，不应该对任何人有怨恨的心理。”

有一次，我曾问伯纳·巴鲁区——曾经做过六位总统的顾问：威尔逊、哈定、柯立芝、胡佛、罗斯福和杜鲁门——他会不会因为他的敌人攻击他而难过？

“没有一个人能够羞辱我或者干扰我，”他回答说，“我不让他们这样做。”

也没有人能够羞辱或困扰你和我——除非我们让他这样做。

“棍子和石头也许能打断我的骨头，可是言语永远也不能伤着我。”

我常常站在加拿大杰斯帕国家公园里，仰望那座可算是西方最美丽的山，这座山以伊笛丝·卡薇尔的名字为名，纪念那个在1915年10月12日像圣人一样慷慨赴死——被德军行刑队枪毙的护士。

她犯了什么罪呢？因为她在比利时的家里收容和看护了很多受伤的法国、英国士兵，还协助他们逃到荷兰。在十月的那天早晨，一位英国教士走进军人监狱——她的牢房里，为她做临终祈祷的时候，伊笛丝·卡薇尔说了两句后来刻在纪念碑上的不朽的话语：“我知道光是爱国还不够，我一定不能对任何人有敌意和怨恨。”

四年之后，她的遗体转送到英国，在西敏寺大教堂举行安葬大典。我在伦敦住过一年，常常到国立肖像画廊对面去看伊笛丝·卡薇尔的那座雕像，同时朗读她这两句不朽的名言：“我知道光是爱国还不够，我一定不能对任何人有敌意和怨恨。”

有一个能原谅和忘记误解自己的人的有效方法，就是让自己去做一些绝对超出我们能力以外的大事，这样我们所碰到的侮辱和敌意就无关紧要了。因为这样我们就不会有精神去计较理想之外的事了。

依匹克特修斯在一千九百年前就曾经指出，我们种因就会得果，而不管怎么样，命运总能让我们付出代价。“归根究底，”依匹克特修斯说，“每一个人都会为他自己的错误付出代价。能够记住这点的人就不会跟任何人生气，不会跟任何人争吵，不会辱骂别人、责怪别人、触犯别人、恨别人。”

在美国历史上，恐怕再没有谁受到的责难、怨恨和陷害比林肯多了。但是根据传记中记载，林肯却“从来不以他自己的好恶来批判别人。如果有什么任务待做，他也会想到他的敌人可以做得像别人一样好。如果一个以前曾经羞辱过他的人，或者是对他个人有不敬的人，却是某个位置的最佳人选，林肯还是会让他去担任那个职务，就像他会派他的朋友去做这件事一样。而且，他也从来没有因为某人是他的敌人，或者因为他不喜欢某个人而解除那个人的职务。”

很多被林肯委任而居于高位的人，以前都曾批评或是羞辱过他——比方像麦克里兰·爱德华·史丹顿和蔡斯。但林肯相信“没有人会因为他做了什么而被歌颂，或者因为他做了什么或没有做什么而被废黜。”因为所有的人都受条件、情况、环境、教育、生活习惯和遗传的影响，使他们成为现在这个样子，将来也永远是这个样子。

从小，我的家人每一天晚上都会从圣经里面摘出章句或诗句来复习，然后跪下来一齐念“家庭祈祷文”：“爱你们的仇敌，善待恨你们的人；诅咒你的，要为他祝福；凌辱你的，要为他祷告。”

我的父亲做到了这些，也使他的内心得到一般将官和君主所无法追求的平静。

要培养平安和快乐的心理，请记住这条规则：

让我们永远不要去试图报复我们的仇人，因为如果我们那样做的话，我们会深深地伤害了自己。让我们像艾森豪威尔将军一样，不要浪费一分钟的时间去想那些我们不喜欢的人。

我曾在德克萨斯州碰到一个正为某事而愤怒的商人。令他愤怒的那件事发生在十一个月以前，可是他的火气还是大得不得了，简直无法不谈那件事——他发给三十四位员工一共一万美元的年终奖金，但没有一个人感谢他。“我实在很后悔，”他很尖刻地埋怨说，“应该一毛钱都不给他们的。”

“愤怒的人，”古圣先贤说，“心里都充满了怨恨。”这个人心里就充满了怨恨。我真的非常同情他，他大概有 60 岁了，根据人寿保险公司的计算方法，平均来说，我们大概可以活到现在的年龄到 80 岁之间差距的三分之二多一点点，所以这位先生——如果他运气好的话——也许还有十四到十五年好活，可是他却浪费了几乎一年的时间来埋怨怀恨一件早已过去的事情。

他不该沉浸在怨恨和自怜中，他该问问自己：为什么没有人感激他？也许他平常付给员工的薪水很低，而派给他们的工作却太多；也许他们认为年终奖金不是一份礼物，而是他们花劳力赚来的；也许他平常对人太挑剔，太不亲切，所以没有人敢或者愿意来谢谢他；也许他们觉得他之所以付年终奖金，是因为大部分的收益得拿去付税。

从另一方面来说，也许那些员工都很自私、很恶劣、很没礼貌。也许是这样，也许是那样。我们都不知道真相如何，不过，撒姆耳·强生博士说过：“感谢是良好教养的成果，在一般人中是找不到的。”

我想说的是：这个人希望别人对他感恩，正犯了一般人的共有缺点——可以说是完全不懂人性。

如果你救了一个人的命，你是不是希望他感谢你呢？可能会。

山姆·里博维兹在任法官之前是一个有名的刑事律师，曾经救过 78 个人的命，使他们不必坐上电椅。你想这些人中有多少个会感谢山姆·里博维兹，或者只送他一张圣诞卡？

至于钱的问题，这就更没希望了。查尔斯·舒万博曾经说过，有一次他救了一个挪用银行公款的出纳员。那个人把公款花在股票市场上，舒万博用自己的钱救了那个人，让他不至于受罚。那位出纳员感激他吗？不错，有很短的一阵子。

然后他就转过身来辱骂和批评舒万博——这个让他免于坐牢的人。

事情就是这样，人总归是人，在他有生之日恐怕不会有什么改变。所以何不接受这个事实？为什么不认清现实，像统治过罗马帝国的那个聪明的马尔卡斯·阿理流士一样。他有一次在日记里写着："我今天要去见那些多嘴的人——那些自私、以自我为中心、丝毫不知感激的人。可是我既不吃惊，也不难过，因为我无法想象一个没有这种人的世界。"

这话很有道理，要是你到处怨恨别人对你不知感激，那么该怪谁呢？是该怪人性如此，还是该怪我们对人性不了解呢？让我们试着不要指望别人报答，那么，如果我们偶然得到别人的感激，就会是一种意外的惊喜；如果我们得不到，也不会为这点难过。

我提出的对待恩怨的第一个要点：人类的天性是容易忘记感激别人，所以，如果我们施一点点恩惠都希望别人感激的话，那一定会使我们大为头痛。

当我离家之后，每年的圣诞节总会寄一张支票给父母，让他们买一点比较奢侈的东西。可是他们很少这样做，当我每个圣诞节前几天回到家里的时候，父亲就会告诉我又买了一些煤和杂货送给镇上一些"可怜的女人"——那些有一大堆孩子却没有钱去买食物和柴火的人。他们送这些礼物时也得到很多的快乐——就是只有付出，而不希望得到任何回报的快乐。

我相信我父母有资格做亚里士多德理想中的人——也就是最值得快乐的人。

“理想的人，”亚里士多德说，“以施惠于人为乐，但却会因别人施惠于他而感到羞愧。因为能表现仁慈就是高人一等，而接受别人的恩惠，却代表低人一等。”

我要说的第二个要点是，如果我们想得到快乐，我们就不要去想感恩或忘恩，而只享受施予的快乐。

几千年来做父母的一直为儿女的不知感恩而非常的伤心。

就是莎士比亚笔下的李尔王也说：“一个不知感激的孩子比毒蛇的牙还要尖利。”

可是孩子们为什么应该心存感激呢——除非我们教他们那样。忘恩是人类的天性，就像野草一样，而感恩却像一株玫瑰，必须施肥、浇水，给它教养、爱和保护。

如果我们的子女忘恩负义，应该怪谁呢？也许应该怪我们。如果我们从来没有教过他们怎么对别人表示感恩的话，我们又怎么能希望他们对我们表示感恩呢？

我们必须记住：子女们的行为完全是由父母造成的。

所以我们还要记住：要教出感恩图报的孩子，就要自己先懂得感恩。要注意我们自己说的话。

要避免因为别人不知感激而引起的难过和忧虑，请记住这三条：

1．不要因为别人忘恩负义而不快乐，要认为这是一件自然的事

让我们记住：耶稣基督在一天之内治愈了十个麻风病人，而只有一个人感谢他。为什么我们希望得到比耶稣基督更多的感恩呢？

2．让我们记住找到快乐的唯一方法，就是施恩勿望报，只为施予的快乐而施予

3．让我们记住感恩是“教化”的结果

如果我们希望我们的子女能知道感激，我们就要训练他们这样做。

第四节　学会建立自信

一个没有自信的人，根本没有勇气在社会上表现自己，很多很好的表现自我的机会，都会在他缺乏自信的时候，在他犹豫不决的时候悄悄溜走，他一直呼唤成功，可是他并不知道，成功曾经很近地来到他的身边，就是因为他的缺乏自信，所以成功失望地离开了他。

我的很多学员都说，他们参加我的学习班虽然也得到其他的益处，但是自信心的增加则是最主要的收获。

我是如何做到这一点的？我要求班上每一个学员，在每一堂课里，都至少要对着乐于听、又乐于给予鼓励的同学讲一次话，“参与”可以培养出克服畏惧所需要的信心。

我和班上的教师谈话，要他们把我的课程训练视为破除畏惧和建立自信的工具：“把课程看作是人际关系的训练，看作为一种新的生活方式，因为事实确实如此。一个人去除了畏惧，建立了信心之后，他的视野就宽了，领域就广了。”

我了解，毕业学员的证词比教师的讲话更能够鼓励新学员，我就建议多邀请刚毕业的学员出席“新生班”，对新生说说他们是如何克服了畏惧，以及有机会把这种经验报告出来是多么的快乐。他还建议向即将毕业的学员说明，信心增强对他们的身体和精神有什么好处，对他们的工作和生活又有什么帮助。

我告诫我的教师要记住他们的责任："征服畏惧以及培养仪态、勇气和自信"。帮助一个人在日常生活中获得勇气和自信的最确实、最快速的方法，就是让他在一组人面前讲话。

我们知道，批评一个人的发音、文法、音调和姿态，只会增加——而不是除去——一个人的自惭和畏惧，因此我们先不批评这些。只有让他获得成就感和胜利感之后，才能帮助他培养勇气和自信。

玛丽·魏丽丝是个盲人，她在纽约市参加我的课程。她由盲人犬引导来到教室。头几堂课里，玛丽怕到教室前发表谈话，教师和同学想尽一切办法鼓励和帮助她克服这种畏惧。

几个星期以后，玛丽对走到前面去说几句话已经不再十分勉强。不久，她抱怨班上的人太护着她了，她说她要受到和别人一样的对待。又过了几个星期，玛丽去参加了另一个班，毫不犹豫、畏惧或不安，她对新的一群人发表了一篇很好的谈话。在毕业谈话中，她强调她已经获得足够的勇气，她要辞去现在的工作，找一份待遇较好、更令她喜爱的工作。同学们都为她写很好的推荐信，寄给可能会雇用她的老板。

培养勇气就是我全部课程的根本，它激励着每个课程的学员们。我引述军事领袖、著名的电影明星、歌星以及政治领袖的事例，他们都承认在一生中有的时候会失去勇气，我指出他们是怎样克服畏惧、面对困难的。

我曾在米尔瓦基商业协会发表演说："我宁愿把自信和勇气传给我的子女，而不是留下百万元的财产。"

在一次广播节目中，主持人问我："除掉鼓励人发表谈话外，还有什么其他方法可以培养一个人的勇气?"

我回答说："有一件事情是可以肯定的，那就是勇气是花钱也买不来的，培养出真正的勇气就像你锻炼出强壮有力的手臂一样。你知道，就算你有洛克菲勒加上亨利·福特的财富，你也不能够跑到健身房去用钱买一双强壮有力的手臂。但是你砍柴、打沙包就可以锻炼出强壮有力的手臂。同样的道理，你只要多多运用勇气，就可以培养出勇气。

"明天开始，你就做些你害怕去做的事，爱默生曾经说过：'做你畏惧去做的事，畏惧就绝对可以去除掉。'你坐在那儿什么事也不做，你就永远不能培养出勇气来。你只有以行动培养勇气。

"假定你不敢去拜见某一个人，那么你明天就去拜访他，做你害怕去做的事。你可能害怕得在他的家门前或办公室门口来回走上五六次然后才鼓足勇气走进去。但是只要进去，你通常会发现情况并不如你害怕的那样糟糕。"

我收到世界各地所提出的不计其数的报告，都支持我所说的观点。这些报告之中最典型的是南非开普敦的玛德·邓西格的经验。这是开普敦罗勃·郝京士的报告：

"玛德是个家庭主妇，她在自己和外界世界间建了一道无形却牢不可破的墙，以致五年以来，她从来没有自愿地走出过她的家门，就是卖菜的停在她家门口，她也不愿意走出去买菜。她不能以电话订货的东西就得由她的丈夫去买。有一次，油漆工来为她家外墙刷油漆，她不愿意走出去和油漆工说话，结果油漆工刷错了颜色。

"一天晚上，她丈夫费尽口舌才说动她参加'我示范集会'，并且赢得了免费参加培训课程的奖。叫了她名字三次以后，她丈夫才勉强把她推到走道上。在她走上领奖台时，她那过分畏惧的模样是我一生所仅见。

“玛德参加了培训课程。她太紧张了，以致她听完第一堂课回到家整夜都没睡着，浑身抖个不停。等她上到第三堂课，她发现上课是她一生最兴奋和最快乐的事。课程把她从自我封闭的狭小天地里完全拉了出来，突然之间生活变成了一种挑战。

“上完课程之后，玛德提任为助教。南非广播公司三次邀请她参加‘妇女时间’节目的播出。她在节目中说了自己的故事，并且称她所经历的一切是一项‘奇迹’。”

同样属于“奇迹”的是，很多商界高级人士由于获得了更大的信心，他们的生活和事业都大为开展。比尔·莫瑞现在已经退休了，他以前是亚利桑那州凤凰城一家建筑公司的高级负责人，他不怕处理涉及千万美元的事务，但是在一群人面前宣读一份公文却可以使他怕得两手发抖。多少年来，每年在公司举办的圣诞节大会上，他都要花钱雇一个人来为他自己发表演讲词。在接受我训练之后，比尔不但能自己发表演讲，更成为公司里以及美国整个建筑界的主要发言人。

丈夫刚刚去世的女人，尤其需要培养自信。她们以往的生活常以丈夫为中心，她们的难处是不能够以独立的精神单独面对未来。

密西根州战溪市的哈瑟·劳生，丈夫去世了，她想以旅行来克服失去丈夫的恐惧。她前往南美、非洲、印度和苏联，然后又环游世界两次。

旅行回来之后，亲戚朋友请她谈谈旅行的情形。劳生太太说：“我大学毕业，曾经修过公开演讲的课程，但是要我在大众面前讲话，我还是怕得要死。我也知道如果我只放幻灯片，而不说明每个地方的精彩之处，大家就会觉得很无聊，而培训课程帮我解决了这两个问题。”

我深深地相信，要学员站到全班前面去讲话，是可以克服畏惧的。不管这个人站起来说话犯了什么错误——就算他或她怕得只说出半句话，这个人都应该得到祝贺，因为他做了一千个人之中才有一个人有勇气做的事——改进全世界最重要的一个人——这个人就是自己。

这种方式的训练，到现在为止，可能是消除畏惧、培养勇气和自信的最佳方式，怎么说呢？因为当一个人除去了在一群人前说话的畏惧后，他就可以克服对自己、对别人以及对生活本身的畏惧，他对自己有了全新的看法，于是受到鼓舞，而敢于去做和完成以前从来没有想到能做的事情。

培养勇气的第一步，就看一个人对所畏惧的事物的态度。

我们应该记住古代罗马皇帝和哲学家马卡斯·奥里歇斯的格言：“我们的生活是什么样子，是由我们的想法来决定的。”

我和我的助手对于怎样培养勇气这个题目曾经做了广泛而深入的研究，我们研读了古今有关伟大男女人物的生活情形的书籍。我本人也和很多著名人物讨论他们是如何克服困难，以达到他们的目标的，像罗斯福总统夫妇、查尔士·舒瓦布、无线电报发明者马可尼、海伦·凯勒以及其他很多著名人物，都对我说了他们克服困难、树立信心，最终获得成功的体会。

瓦希·杨是一个把自己从默默无闻和穷困中提升为富有而著名的人物。一次在广播访问节目中，他把自己的故事告诉我，这时候他已经是全美最成功的保险推销人之一，也是全世界收入最多的推销员之一，他还写了五本书，其中四本成为畅销书。

杨说到他过去的贫穷和没有受过教育，他说他曾经想从旅馆的窗口跳出去自杀，他说：“我喝了很多威士忌酒，想鼓足勇气跳出窗子。但是我喝得太多了，忘了去跳窗。第二天早上醒来，我的情况更狼狈。”

这种情形使杨重新评鉴他的生活。他对自己说：“假设你有一个原来想制造冰淇淋的工厂，结果你发现它没有生产出冰淇淋，而竟然生产出碳酸来，那你要采取什么行动？瓦希·杨，你有一个思想的工厂，它在你心里面。你拥有这家工厂，你可以主宰这家工厂。但是你主宰这家工厂了吗？我让这家思想工厂乱成一团，我的思想工厂生产一些废物，生产忧虑、畏惧、羡慕、愤怒、自怜自卑、哀愁、不快乐和贫穷。我不要这些废物，没有人要这些废物。

“做了自我的敌人之后，我又转为自我的朋友。我突然认识到，改变想法就可以改变我的生活。我遵守圣经中的话：‘一个人心里想什么，他就会变成什么。’”

要赢得这场战争并不容易。杨决心要培养九种品质：爱、勇气、愉快、活跃、怜悯、友善、慷慨、容忍和公正。他常常需要抗拒那些他不想要的想法。

“我的做法是，”杨说，“对着我不想要的想法大声争辩。我把这种情形当作一种竞赛，一发现羡慕或畏惧的想法又悄悄爬进我心智的大门，我就立刻会说，‘你去跳河吧。你在过去曾经毁了我的生活——现在滚开，不要再来！’”

如果态度是建立自信的基础，决心就是把态度坚定地纳入生活的技巧。如果我们当真要改进自己，我们就必须养成新的习惯。我们的生活、我们的性格不过是我们习惯的累积，我们的习惯就是我们自己。我常常说到美国心理学家和哲学家威廉·詹姆斯的四原则，以帮助人培养新的、理想的习惯：

1. 以你所能有的全部热忱开始

谈到如何培养新习惯，还没有人提到本杰明·富兰克林，富兰克林在年轻的时候就订出一张表，列出他要自己培养出来的十三点特性，他称之为十三点美德。他每个星期专心培养一种美德，十三个星期以后，再从头开始，一再反复做。他了解习惯只是重复——而重复就是习惯。

我们之中大多数人，有时候会做出很好的决定，但不多久我们就把它忘了，富兰克林不会忘，日复一日保持下去。他把这种努力当作一种游戏竞赛，永远不让自己的热忱冷却下去。因此，我们从富兰克林那里学到的第一个原则是：如果你想培养新习惯，那你就得以你所有的全部热忱开始，把培养新习惯看成是你心目中最重要的事。然后新习惯自然会带给你美好的事物，并不断地提醒你。新习惯或许会增强你的健康，或许会增加你的人缘、收入或你的自尊。继续利用这些好处提醒你自己，直到你的热忱达到沸点。

2．抓住每一个机会实行你的新决定

我认识一个叫威廉·史丁哈德的人，他是个闷闷不乐的人，但是有一晚，我跟他谈到微笑的好处之后，他决定开始学习微笑，而他毫不犹豫地就开始了。

第二天早上他就开始学习微笑。从这天开始，每天吃早饭的时候都能看到他微笑。那天早晨，他对他所遇到的每个人微笑，他对那些从来没有看到过他微笑的人微笑。

3．不要允许自己有一次失败

范·温克每次喝醉了就说“这一次不算。”你不可以学他的样子。威廉·詹姆斯教授曾经指出：一次失足就像把毛线球掉到地上一样。线球是要花很多时间仔细绕起来的，因此，你把它掉在地上一次，你就要花很多时间才能够再把它绕起来。

4．烧掉你后面的桥

恺撒渡过英吉利海峡，领着他的军队登陆在今天叫作英格兰的地方，他就照这个原则去做。当然，他烧的不是桥，而是破釜沉舟，把他的船都烧掉了。他告诉他的军队，他们在敌人境内，没有撤退的工具，他们只能前进、征服，而他们也确实做到了前进、征服。

现在你我想要培养一种新习惯，那就学恺撒的办法，使我们没有办法向后退缩。

如何把这些观念在教室里转变成行动呢？学员经常得到教师和同学们的赞扬、鼓掌和奖励，因而得到鼓舞。这种相互支持的气氛比讲评、传授、读些鼓舞性的文章或私人咨询更能培养自信。另外的鼓励有：报告得到奖赏、运用了人际关系的原则而获得成效，以及因为控制忧虑而增进自信的事实。

如果每一个学员都充满了勇气，那当然是很好。但事实上并不是这样，很多学员还需要继续加强和鼓励，而每一堂课都可以使学生增加些自信，因为同学会为他鼓掌欢呼，教师赞扬、奖励，在休息时间，不管是课前或课后，都可以向助教和教师咨询。

正如德州休斯顿市的米克·史达兹太太所说："在我刚搬到休斯顿市的时候，没有朋友，非常的寂寞，我心里很难过，但是我没有勇气出去与人交往。自从我接受了训练后，过去两年我交到的朋友比我搬到休斯顿市以来头八年所交的朋友还多。现在大家都来找我诉说心事，向我讨教建议。而在几年以前，我还希望有一个我可以诉说心事的人，现在我却是别人诉说心事的对象。"

贯穿我的各种课程的主线，便是帮助人培养自信。它是推销人员班的主题，如果推销员本人没有信心，怎么能够叫人家相信并买他们的产品或服务呢？同样的道理，在顾客关系班亦然。

弗吉尼亚州彼得堡百事可乐公司总经理诺曼·司西士基，

指派了很多职员参加顾客关系班。他说：

“这个班使我的职员获得信心——相信他们自己，使他们有信心和能力来表达自己。这些人中有很多是司机，没有受过多少教育，但是在他们信心大增以后，他们能把事情做得更有效率，而最重要的是他们能够升任中级的管理职务。

“他们有了自信，这点表现在他们能够很有把握地和我们讨论管理方面的事。他们表达出意见、看法，对整个公司都有好处。”

在一九七四年，华盛顿州西雅图市美军陆战队募兵站运用我的推销人员班来协助他们的募兵员吸收、说服年轻男女加入陆战队。陆战队员还需要培养信心吗？他们可能很有信心去面对敌人，但是要去说服别人又是另一回事。

这个募兵站的指挥官写信给我，信上说：

“在一九七四年四、五、六月期间，我们募兵站的一组陆战队员，接受了您的推销人员班的训练。

“在西雅图募兵站，一个募兵员一个月平均能募到四名就是成绩特优，三名就是优良。

“我们把这一组和没有受您的推销人员班训练的另一组比较。一九七四年三月底，平均每名募兵员一个月募到两点九人进入陆战队。到一九七五年三月底，没有接受训练的一组升到平均每名募兵员每月募到三点四名新兵，接受过您的推销班训练的一组则升到平均每名募兵员每月募得到三点九名新兵，只差零点一就可以达特优的标准。这两组之间最大的不同是，受过训练的人有信心来办理他们日常的工作。

“这种信心以及推销的知识，在我看来，正是训练所产生的直接效果。”

第一届毕业的学员中，有一个三十三岁的卡车推销员，名字叫约翰·魏士特。约翰和他的朋友决定，在复活白杨崖市的战斗中，第一步是要选一个新市长，这个市长必须百分之百的支持他们的计划。现任市长什么事也不做，而市议会的议员老爷们，正是让白杨崖衰败下去的那一批故步自封的家伙。约翰就被推荐出来和现任市长竞选，由于得到人们的支持，加上他能够清楚地、热情地表达出他的看法，他很轻易地当选为市长。

就任以后，约翰·魏士特立刻制订了重建白杨崖的第一批计划。需要做的事必须赶紧去做，经费必须筹到。急待改进的有重建排水系统和建立一座发电厂，这就要花一百二十万美元；街道铺柏油和建筑新的道路又要两百万美元。新选出来的市长和市议会通过了必要的立法，以便展开这些计划。

我有一个学员，叫卢·史耐德，他是白杨崖超市的老板，被提名为排水系统重建委员会的主席。他要使这项主要计划获得通过，募集经费，必须说服全市民众的投票。

史耐德平时是个沉默羞怯的青年，这下却变成因理想而充满活力的人。他对群众发表谈话，并且挨家挨户去拜访，仔细解释，使全白杨崖的市民都确实了解了这一工作的意义。他的热情和自信使市民更乐于接受他的意见。当新排水系统工程计划提出投票表决的时候，白杨崖四分之三的市民都投了支持票。

约翰·魏士特努力为市政带进新的活力。由于他们的努力，通过了一项发售一百三十万美元债券的计划，使他们能够建造新的初中和高中的校舍。

那么，白杨崖市民为什么会这样了呢？

“勇气使我能站起来说话。”卢·史耐德说。

“培训课程教我如何在我的市镇里点燃热忱，从结果来看是值得的。”皮特·葛洛瑞德说。

“培训课程让我学到如何不冒犯别人而改变别人的心意。”公园俱乐部主席艾杰瑞·甫尔太太说。

“我们采取主动的行为，使我们的市镇再生，这大部分原因是受到两百多位毕业学员的鼓舞，”约翰·魏士特市长说，“他们鼓动兴趣，争取支援，以便展开市政改进工作和扩张工业，使得全市受益匪浅。”

本章小结

要想活得精彩，必须保证这个社会可以接纳你，首先就意味着你要有一个可亲的面容，这就是真诚的微笑，他会让你得到很多人的喜爱。

我们如何展开预算和计划？以下有十一条规则：

1. 把事实记在纸上。
2. 拟出一个真正适合你的预算。
3. 学习如何聪明地花钱。
4. 不要因你的收入增加而头痛。
5. 如果你必须借贷，设法争取银行贷款。
6. 投保。
7. 不要让保险公司以现金形式将你的人寿保险付给你的受益人。
8. 教导子女养成对金钱负责的态度。
9. 如果你是家庭主妇，也许可在家中赚一点外快。

10. 不要赌博。

11. 如果我们无法改善我们的经济情况，不妨宽恕自己。

要避免因为别人不知感激而引起的难过和忧虑，请记住这三条：

1. 不要因为别人忘恩负义而不快乐，要认为这是一件自然的事。
2. 让我们记住找到快乐的唯一方法，就是施恩勿望报，只为施予的快乐而施予。
3. 让我们记住感恩是“教化”的结果。

帮助人培养新的、理想的习惯的美国心理学家和哲学家威廉·詹姆斯的四原则是：

1. 以你所能有的全部热忱开始。
2. 抓住每一个机会实行你的新决定。
3. 不要允许自己有一次失败。
4. 烧掉你后面的桥。

第六章　美满的婚姻生活

第一节　架起心灵的桥梁

两颗心之间需要有一架桥梁，只有这样，彼此才可以更好的沟通，才可能少产生很多的误会，也只有这样，才有可能在生活中创造爱的氛围，营造一个温情的港湾。

这是在我的笔记中的一个故事：

克里斯·培玛先生是个合格的计程车司机，有着消瘦的五短身材，银灰色的头发和淡蓝色的眼睛，看起来有50岁了。

一天中午，我和培玛先生坐在街边的一条长凳子上，紧靠着一处专门提供计程车司机三明治的地方。

“有趣的是，我竟然没有意识到这个问题，直到我遇见一个中国老人。”培玛先生说，“那天晚上，他向我招手的时候，其实我已经准备回家了。他问我能不能载他去火车站，因为他要搭23点20分的火车去约克。虽然车站跟我家不是同一个方向，我还是答应载他过去。我们在车上就开始聊天了，没聊什么特别的，就是一些平常的事情，新闻啦、天气啦、球赛等等。可是当我们无意中谈到有关人际关系和爱的主题时，我就告诉他说，别跟我提到爱，我跟我老婆的关系正处于瓶颈，我不要再听到有关这种事了。然后他说了一些话，使我印象很深刻。

“他说：‘使人类苦恼的最严重的病症之一，就是沟通的无能。’乍听之下，我实在不懂，所以很自然地，我要他再解释清楚一点。他说：‘有一个人，他已经不记得最后一次跟太太说我爱你是什么时候的事了，他也不记得最后一次跟太太说谢谢是多久以前了。这个人虽然很想当个好丈夫，可是他连跟老婆说爱的勇气都提不起来。你能想象吗？他竟然没有勇气说出口！’

“我当然可以想象啊！因为我的情况就跟他一模一样。所以我就说：‘可是我确定他老婆一定知道他爱她的。’

“老人说：‘她可能知道，也可能不知道，也许她需要经常被提醒。你很难相信，亲耳听见别人跟你说谢谢或我爱你，可以使情况产生多大的差距。这是天生的，我们都需要真实地感觉到被感谢。’

“我说我从来没这么想过。他看着我继续说：‘这是爱的一个秘密——沟通的力量。’

“我想要老人再多解释一点，可是那时刚好到了车站。老人下车之后，又转过身对我说：‘谢谢你载我这一程！你真是敬业的司机，能坐到你的车真好。’

“我傻住了，我开了这么多年的计程车，从来没有一个人像他这样真情实意地感谢我、恭维我。然后他一面拿出车费给我，一面说：‘再次谢谢你了！’可是我一数，发现他付给我双倍的车钱。我大叫说你给太多车费了，他微笑着回头说：

‘我没有。’然后就转身走了。

“你知道吗，当人们在他们的关系中发生问题的时候，如果他们想一想导致问题的原因，通常都会想到同一个答案，就是——我们是无法沟通的。这是真的！我们很少告诉对方自己的感受，也绝少仔细去听对方究竟要说什么。很多人甚至在餐桌上是不讲话的，反而是坐在电视机前吃东西的时候会说说话。如果这种情形长年累月地持续着，我们就停止了真正的沟通。而且，经常地，我们也停止了爱。”

“我开始记笔记。”培玛先生继续说，“如果我们要学会爱，就要先学会如何沟通，这也是我以前很不擅长的事。我把问题留在自己的心里，也很少把感觉说出来分享。后来，我决定告诉太太我爱她。我早就想不起来，上一次是什么时候对她说出这三个字的。我试了好几次，结果，因为某些原因，我就是说不出口。最后，我做了一个深呼吸，把那三个字很快地吐出来，我太太很惊讶地看着我。事实上，她是被吓到了，她几乎不敢相信自己的耳朵，又问我刚刚说什么，这一次就简单一点了，我又说了一次‘我爱你’，泪水突然涌上她的双眼，她抱着我说：‘我也爱你！亲爱的！’

“这种感觉真好！虽然那时已经很晚了，可是我还是决定打电话到学院去给我住校的儿子，告诉他我爱他。我想，从他长大以后我就没有再跟他说过这三个字了。他接起电话的时候，我说：‘赛门，我只是打电话来告诉你我爱你，我想现在是应该让你知道的时候了。’电话那头安静了一会儿，然后他说：‘爸，你喝酒了吗，你知道我这里几点了吗?’我忘了他那边的时间，比我这里快两个钟头。我说：‘对不起把你吵醒了，儿子！我是很认真的，只是想让你知道我爱你。’然后我儿子说：‘我知道啊！老爹！不过听你这么说还是蛮好的，

嗯！顺便告诉你，我也爱你！现在我可以去睡觉了吗?’

“有些人会觉得光凭‘我爱你’三个字哪能改变什么，这太可笑了。可是他们显然没有试过。

“我深吸一口气，我儿子就是这种人。他就是对他母亲也说不出这三个字，更别说他的朋友了。”

“如果我们不能表达、沟通我们的情感，”培玛先生继续说，“我们就无法接受或付出爱。我越想就越觉得沟通是多么重要！我仔细回想自己过去的行为，发现我不只从来没对别人说过我爱他们，我还很少恭维别人，或告诉他们我有多么感谢他们。我太太帮我洗衣服、熨衣服超过二十年了，而我从来没有谢谢她。

“然后你知道吗，发生了一件奇异的事：我一旦开始对我太太及其他身边的人们表达我的情感，告诉他们我有多关心他们、感谢他们，他们对我的举动也改变了。他们也开始告诉我，他们非常爱我，非常珍惜我。而且，当我开始开放地、真诚地沟通时，我跟人们的各种关系竟都开始有了进展。”

“你先前提到说，你从不会跟人分享问题，只是埋藏在自己的心里，”听了他讲了那么多的故事，我有些疑问，就问培玛先生，“这点很重要吗?”

“是的，我很高兴你提醒我。爱，表示分享和沟通。但是，这不只限定于你对某人的感觉而已，还包括你的希望、恐惧和难题。如果你把所有的想法都锁在内心里，你自己不但会因此心胸狭窄和沮丧，那些跟你亲近的朋友们也无法适时地给予你帮助、同情或支持。每一个问题都会带来一份礼物，那会使你的人生丰盈起来。”

“在我心里，这点是毋庸置疑的。”培玛先生继续说，“就是如果人们要体验爱，或增进他们的关系，他们就必须学会沟通，人们必须通过感激才能感受到爱。我最重要的发现是，爱不是固定不变的东西，人们通常以为你爱某人，事情就结束了，他们就会从此过着幸福快乐的日子。然而事实却是，爱像一种植物，它不是成长开花结果，就是凋零死去。全凭我们如何对待它而定。沟通就像水，没有了它，植物是活不成的。”

我望着远方，想着，从前他总是怕得要死，从来不敢告诉别人他的爱和关怀。

“我了解了。”我收回视线，转头看着培玛先生说，“可是，你是怎么学习沟通的，尤其是如果你并不擅长这个技巧。”

“对！我自己从来都不是个善于沟通的人，这也是为什么沟通的力量对我的帮助会有那么大。”培玛先生说，“可是我可以跟你保证，每个人都可以学会沟通的技巧，你只需要克服自己的恐惧。有些人怕自己会因此而显得傻气，或担心别人会拒绝他们。我所得到的一个最好的建议就是，经常在心里放一个问题——如果你将要死去了，而你可以打一通电话，你会希望打给谁，你会说什么？还有，你还在等什么？

“你只要记得，每次你看见某人，那次都有可能是最后一次。所以，当你还可以的时候，告诉他们你想说的话。生命中最悲惨的痛苦就是，没有在他们还活着的时候说出你对他们的感想是什么，说出他们对你有多么重要。

“而我们必须靠沟通来预防问题在一段关系里面产生。事实上，人际关系会产生问题，经常是由于一方或双方无法说出他们的想法和感觉，结果就是，气愤和怨恨被建筑起来，直到某一方的脾气爆发出来。如果我们学着去沟通，委屈可以在还不严重的时候就被处理掉了。这意思也就是，对我们所爱的人表达我们自己，并且能够聆听别人告诉我们的有关他们的感觉。人们经常是听而不闻的，我们听着别人说话，可是并没有真正听懂或听进去。

“并且，如果我们不沟通我们的感觉，我们就无法建立一段关系。我的意思是，如果你不约一个女孩子出来，你怎么跟她约会呢？是不是？”

我点点头，转头望着别处。我想着，许多人因为害怕沟通，而让很多机会平白消失掉了。

“你还好吗？”一阵沉默之后，培玛先生看见我茫茫然望着空无一人的街道问我。

我回过神来，回答道：“是！我很好，我只是在思考。”

“你知道，”培玛先生说，“当我们会开放地、真诚地沟通，分享彼此的经验和感觉，人生是会改变的，就像有个人迷失在森林里的故事。”

“那是什么故事？”我问。

“那个故事是说，有一个人迷失在森林里，虽然他试过好多条路，每次都希望能走出森林，可是每次他都回到原处。那儿还有许多路径等着他去试，可是他又累又饿，所以就坐在地上思索着，下一步该试哪一条路。就在他想着的时候，他看到另外一个人走向他，他对着逐渐走近的人喊道：‘你可以帮我忙吗？我迷路了。’那个人看起来像是松了一口气，他说：‘我也迷路了。’所以他们就把自己的经验和彼此分享，情况就越来越清楚了，他们都各自尝试了不同的路，所以互相帮忙，使对方不需再重复错误的道路。他们谈一谈就笑了起来，忘了疲累也忘了饥饿，然后两人一起走出森林。

“人生就像一座森林，我们总会迷失或疑虑，而如果我们能够分享彼此的经验和感觉，我们就会觉得人生旅程没有那么糟，有时我们还能找到更好的道路，更好的方式。”

傍晚，我读着今天所做的笔记。

当我们学会了开放而真诚地沟通，人生便因此改变了。

爱某个人就是去跟他沟通。

让你所爱的人知道你爱他们，你感激他们。永远不要害怕说出这三个奇妙的字眼：我爱你！

永远不要放弃任何一个赞美他人的机会。

永远对你爱的人留下爱的语言——那可能是你最后一次看他们。

如果你将要死去了，而你可以打一个电话，你会希望打给谁？你会说什么？还有，你还在等什么？

第二节　怎样创造热情

这个世界之所以充满活力，就因为很多人都充满了热情从事生活和工作。如果自己想活得快乐，就必须为自己创造热情。

彼得·希金特先生是一家大广告代理公司的资深决策者，他在大楼角落里拥有一间办公室，视野很好，正对着城市的东南方。下面的文字，就是我和他在一起谈话的记录，从这些文字中，可以看出他是如何创造热情的，对我们每个人而言，相信也会大有帮助。

希金特先生说："想起这一切来历历在目，仿佛是昨天才发生的事。那天我在办公室加班，大约晚上八点钟，我把桌子收拾干净，正想着要怎么跟太太说我想离婚。我们有一段时间疯狂地相爱，可是不知道怎么回事，一切都开始不对劲儿了。到底有没有一个确定的时刻我们开始停止爱对方？一刻、一个小时、甚至一天，我怎么也想不出来。我所知道的只是，我们已经失去了曾经拥有的，然后又停止了尝试。我们的婚姻里已没有爱情了，即使在周末，我们也很少在一起。

“那晚，我坚决地想着，是该结束这种猜谜游戏的时候了，唯一的解决之道就是分手。后来，办公室的门被打开了，走进来一个清洁工，吹着口哨，是贝多芬第五号交响曲的调子。

“我问他在高兴些什么，他回答说：‘你在恋爱的时候不该快乐吗？’

“‘恋爱？’”我说，“你应该过了那个年龄了吧？”

“他说：‘爱，让我感觉年轻有活力。’”

我说：“那感觉一定很棒。”

“是啊！”他笑了笑，“不过我确定，像你这样的人一定知道恋爱的感觉吧？”

“老实跟你说，那是好久以前的事了。”我说。

他说：“你听起来好像某个我认识的人，一个婚姻有了问题的朋友，他正打算离开他老婆。”

一听他这么说，我不觉目瞪口呆，脸颊僵硬。这时，他又继续说了：“他们曾经深爱对方，可是经过多年以后，他们渐渐疏远了。你知道为什么吗？”我摇摇头，他继续说，“因为他们忘了什么是爱。”

“这是我第一次听到什么是爱。他解释说这是永恒不变的道理，可以帮助我们创造爱和爱的关系——无限的爱。基本上我是个对什么事都存疑的人，不太相信那些什么爱的秘密真的可以改变情况。

“虽然我一心只考虑到出现问题的婚姻，可是一方面因为礼貌，一方面实在是有点好奇，所以我还是继续听着清洁工的谈话。不过我得承认，他说的很多的确有道理。他离开之前拿了一张纸条给我，上面写了十个名字和电话号码。他说如果想学习有关爱的秘密的力量，可以试试跟这些人联络。

“真的会这么神奇？我生平第一次觉得这么兴奋，事实上，我迫不及待地想把这件事告诉别人。我从办公室打了通电话给太太，我很少这么做的。她接到电话时还以为出了什么事，等我把事情经过告诉她之后，她竟然也同样的感兴趣。

“那天晚上，是长久以来的第一次，我们一起坐在餐桌上，真正地谈话。我们好像着手开始了一段探险，因为两人都想找出那个人所说的爱到底是什么？

“接下来几个礼拜，我们拜访了名单上所有的人，并逐渐一点一滴地感受到那些秘密在生活中所造成的影响。我不相信这么简单的事，竟会对我们的生活这么重要。各式各样的事开始发生了，不单是我们之间的关系增进到刚结婚时的状况，就连我们和朋友、家人以及工作上伙伴的关系，也有所改观。

“有一天早上我醒来，我体会到，我又恋爱了，不只是和我太太，我跟生活恋爱了。”

我很好奇地问：“这些秘密真的有如此神奇的影响力吗？”

“是的，这些秘密为我生活中的各个方面都注入新的活力，不过影响最深的就是‘热情的力量’。”

“爱跟肉体的吸引力有什么大关系呢？”我又忍不住想问。

希金特先生说：“我说的热情并不是指性或肉体方面。热情是指非常深的兴趣和热心，当你对某人或某事或某物热情的时候，你会深深地关心他们，你会持续地关怀他们的幸福。这也就是为什么如果我们失去了对任何人、事的热情，我们就会失去对爱的感觉。同样，如果你对某人失去了兴趣和热情，你很难喜欢他们。”

“爱的关系中需要热情，”希金特先生解释道，“大多数的关系一开始都很好，双方都对彼此有很强的热情，总是对另一方充满兴奋、热心和兴趣。问题是，纯粹的肉体的热情是不会持久的，双方便开始觉得没兴趣、无聊了。”

“热情是点燃爱的神奇火种，当你失去了这火种，关系就会慢慢地死去。当然不是马上，会耗去一点时间的。一开始热情如火，什么事都像个奇迹似的，可是有一天醒来，发现热情走了，你也就不再有爱了。我跟太太就是这样——所有的热情、奇迹和罗曼蒂克都一起消失了。”

我仍然问他：“可是当热情走了以后，你怎么把它再找回来呢?”

“创造它。”希金特先生说。

我又一次地提问：“热情怎么创造？它是身体的化学作用，有就是有，没有就是没有，怎么可能从没有创造出有呢?”

“热情是一种存在于我们兴趣范围内的强大兴奋或热爱，”希金特先生解释说，“它可以被我们身体的化学变化或性的吸引力激发出来，可是肉体的热情很少长久，也无法维持住爱的关系。而更强大的热情，来自于我们的思想和感觉。当我们对某事感兴趣或渴望的时候，我们会变得非常热衷。这就意味着，在爱的关系里，我们会对另一方引起我们兴趣的特质或人格十分投入。”

我继续提出我的疑问：“这听起来不错。可是，如果对方已经没有什么可以引起我的兴趣，更别说让人兴奋了，这时又该怎么办呢?”

“那你就必须在他们身上找出能够激起你兴趣的事，否则这段关系会失去热情，一旦到了这个地步，两人就无法在关系中获得快乐了。”

我还有一连串的问题：“在我的经验里，大多数的关系，都是因为我变得不再对另一方感兴趣，然后就觉得无趣了。刚开始的时候，一切都是新鲜、有趣而令人兴奋的，可是当我们再进一步认识彼此，关系就逐渐变得脆弱和无聊了。这种状况，你如何防止它发生呢?有什么实际的方法可以让热情一直存在?”

“的确是有一些方法的。”希金特先生说，“首先，你可以把过去让你有热情的经验再重新创造出来。譬如说，你可以带着你的伴侣回到过去度蜜月时曾住过的旅馆；或是去你们第一次约会的餐厅吃晚餐。

“你也可以凭空创造出一些发自内心的言行。譬如，偶尔做一些让伴侣惊喜的事，做一些她高兴的事，然后，神奇的事就会发生。她也会做出一些让你欢喜的事来回馈你。很快地，你们的关系里会充满了惊喜。

“我和我太太会做的第一件事就是，我们一个月至少要出去约会一次。第一个月由我做主，我太太要等到当天那一刻，才会知道我安排了什么，然后下个月换我太太做主，而我就会有一个惊喜了。我们对自己承诺，不论发生什么事，我们一定要维持这个每月一次的惊喜。

“当我第一次学习热情的力量的时候，会刻意去做一些我知道太太会喜欢的事。我买给她一个意外的礼物，我花更多时间在家跟她共度，对她的生活细节保持兴趣。

“一开始的时候当然有浓厚的兴趣，可是渐渐地，所有事都一成不变了。每天都一样，几年以后，千篇一律的生活使我们对彼此的热情消失了。我被其他事情层层包围住：例如我的工作，而我对我太太的生活则没有注意得太多，我从来没有认真地问过她日子过得怎么样，譬如她做了什么，她去了哪里……

“可是，当我开始留意到她和她的生活时，神奇的事发生了——她也开始关心起我和我的生活，而许多事就像滚雪球一样，越滚越大。

“如果我们想活得快乐，就一定需要别人对我们热情，我们可以对工作、信仰和休闲活动感兴趣，可是最终，我们还是需要别人对我们的关怀。爱和快乐，在这方面的本质是一样的，我们要做的只是让每天都活得有热情。”

热情点燃爱，并使它永生。

持久的热情并不单单来自于肉体的吸引力，而是从深层的承诺、关怀、感兴趣和兴奋而来。

过去让你有过热情的经验，生活可以让你重新创造出新的热情。

惊喜或发自内心的言行，都可以创造出热情。

爱和快乐的本质是一样的，我们要做的只是让每天都活得有热情。

第三节 如何留住岁月

岁月终究会在我们身边慢慢逝去，我们谁也没有办法挽留住它，这是所有人的共识，但是很多人都忽略了，只要你想留住岁月，方法还是有的，关键是你自己要想办法。

年老并不意味腐朽或无助，相反的，年纪可以使我们变得更具有创意和新的精力，并且使我们在年轻时所培植的个性得以开花结果。假如我们把成长或迈向成熟当成是人生的目标，那么，我们必须深深体会到罗伯·布朗宁所说过的一句话：“生命的果实，要看你最初如何去培植。”

有个朋友向我坦白承认：“并不是年龄让我感到害怕，而是某些与之相继而来的特质，实在令人不愉快。如：自怜、爱发牢骚、无用感、孩子气地希望得到别人注意、生活在过往的回忆里。诸如此类会令人心生恐惧的感觉。我宁死也不愿意变成这种样子。”

谁又会愿意呢？幸好这里有个好消息：科学证明，我们可以防止退化性的精神失调，不必再陷入那种痛苦里了。我们没有理由在80岁（或更大岁数）的时候，不能像二三十岁那样的具有个性、讨人喜欢或具有价值。有许多人都已做到这点。让我们看看这世界上有多少优秀人物可以当作活生生的教材。

像著名的英国哲学家罗素，在他九十余岁的时候，曾抱怨自己已不能“一次走完5英里路而不觉得气喘”。他又说：

"我知道许多人一退休，没多久便因无事可做而过世了。假如一个人曾经十分活跃忙碌，虽然终其一生也常向往能有片刻休闲的时间，但若真的碰到无事可做或不能用尽自己能力的时候，仍会觉得不可忍受。我相信，那些能享受生活的人，应该会更容易生存，那些一向精力充沛的人到了老年，假如不能仍旧维持忙碌的话，一定不可能快乐。"

曾经参与签订《凡尔赛条约》的意大利首相奥兰多，在94岁的时候，仍然每天工作10小时。他在议院里相当活跃，并且主持了一家相当有名的法律顾问公司，他是律师公会的会长，也同时是罗马大学里的一名教授。

举世闻名的外科医师巴斯提亚尼利在90岁的时候，每天的工作表就连许多年轻人都表示难以承受。他在自己的私人医院里，每星期要动三次手术，他还有每日例行的门诊、研究工作及抽空开车或驾驶飞机。

据说，巴斯提亚尼利医师在30岁的时候，曾经患上风湿性的关节炎、胃病、失眠症等，但他有无比坚强的毅力和活力，终于克服了这些身体上的疾病。

著名哲学家克洛斯在89岁的时候，也是每天工作10小时。除了写作之外，还要教书。据说在好几年前，他还曾中风，徘徊在生死边缘。

意大利另一名首相尼提，也是每天工作10小时。他已86岁。

英国乔治国王的御医侯德，在进入86岁生日的时候，仍然每天工作12小时。除此之外，他还利用休闲时间整理花园和写诗。

英国著名女医生爱丽丝·海伦·伯叶女士，是"皇家医药心理学协会"的首任女会长。她住在一间小平房里，没有水电和煤气。在她 84 岁的时候，还是整天忙到晚。虽然她午后会小睡片刻，但许多工作往往使她必须忙碌到凌晨才能休息。著名的翻译家奥莉维亚·罗赛提女士，在 80 岁的时候仍然每天工作 16 小时。她酣睡 6 小时之后，便又起床重新开始。

我们的诗人桑德堡，在 80 岁的时候仍然不停创作，并写出许多有名的诗篇。还有摩西祖母，她在 78 高龄的时候才开始画画，并且成就非凡，成了远近闻名的画家。现在她已 96 岁，仍然不停地忙着创作。

芝加哥大学的名誉退休教授卡尔森医师，同时也是“国家医学研究协会”的会长。在他度过 80 岁生日之后，每天仍然工作 9 到 10 小时。在此之前，他每日工作 15 小时。

这些只不过是名单中的一小部分，相信大家还有更多的例子可以提出来。

也许，有人会认为这些都是杰出的不平凡人物，不是我们一般人能比得上的。但是，也有许多像我们一样的平凡人，没有什么辉煌的头衔或特殊表现——他们一样不愿因为生理年龄而变得无用或无助。

举例来说，住在加州洛杉矶的强斯敦老爹，现年正好一百岁，每天都坚持不懈地做他的木工。他可以把百磅重的屋顶贴纸，一口气提到 20 英尺的扶梯上。对他来说，他根本不知道衰老是怎么一回事。

现年 70 岁的蕾恩·瓦兹特老太太，家住宾州的杜鲁克村。她十分瘦弱，体重只有 96 磅，而且患有神经炎和静脉曲张的毛病。瓦兹特太太前后动过 13 次大小手术，但是，据她儿子告诉我，瓦兹特太太不但性情一直很开朗，并且每天努力工作。她独自照料一栋拥有 9 个房间的大别墅，每天都清理得整整齐齐，一尘不染；还有那一大片种满了花草树木的花园，也是由她亲自料理；此外，她更是烹饪高手，她制作的精致糕点，据说在当地极负盛名。

我记得还有一位住在俄克拉何马州的格拉罕先生。他现年已超过一百岁，是个乐善好施的大富人。他的精神和生理状况都十分好，每日都要走上 10 英里路以维持自己的体能。他最喜爱的一句谚语是："一个能用两腿走路的人，抵得上两个只坐不动的人。"

住在新罕普夏州的威廉·霍可先生，也是个百年人瑞。他和儿子共同经营一个农场，儿子照料牛群，霍可先生则负责所有烹饪和清理的工作。

现年 103 岁的尤妮丝·帕莫太太，住在缅因州的麻契亚波特市。她长生之道不过是："保持忙碌，如此，你就没有时间去忧愁自己的疾病，或是其他的烦恼。"

这些人除了长寿之外，都没有人呈现老态或"返老还童"的孩子气行为。这些人不但没有一般老年人所特有的不良性质，相反的，他们都正处于马丁·甘波特博士所谓的"人生的第二个黄金时代"——也就是 70 岁以后的精力再生时期。

"老年可产生一种渴望和力量。"甘波特博士如此写道，"关于这方面，我们一直很少去关注，如果我们能发现这些不可知的宝藏，生活会因此而变得更丰富、更快乐。"如果有这么多人可以克服对年龄的恐惧——是长大，而不是变老，我们每一个人也应该可以做到。只要我们能去除掉那些无用的惧怕心理，而把注意力放在心灵方面的追求，便能逐渐迈向成熟。虽然我们的肉体会逐渐退化，精神却仍能保持年轻有活力。

著名的大卫·雷斯曼说："像罗素或托斯卡尼尼这类人物，是靠着精神力量来支撑肉体的生存。弗洛伊德在患上口腔癌之后，仍能活得有精神、有活力。虽然因疾病吞咽困难，食不知味，但随着日子一天天过去，他却能继续活下去，而且活得更独立、更活跃。”

没有什么科学上的理由证明年龄会令我们变老，并成为自己和社会的负担。我们的部分心智可能会日久遭到损坏，却不致影响到整体的功能；有时我们会生病，但年轻人也同样不能避免；我们的经济状况或许会遭到困难，但生命的每一阶段都各有烦恼，我们应勇敢地去面对，并逐一解决这些难题。

1954 年，有两位医师：佛兰德·当伯和他的兄弟佛兰西斯·当伯，共同开始了一项极有趣的医学研究调查——研究百岁寿星的长生之道。根据他们的调查，全美国约有 1 580 个男女的年龄达到或超过了 100 岁。两位医师及其助手，开始对其中百分之二十的寿星展开调查。

他们的调查结果刊登在由伦敦出版的《老人医学》期刊上。其中有许多新发现，与大多数人对老年的看法不大相同。

根据两位当伯医师的报告，百岁寿星受遗传因素的影响很小，但受个性和情绪的影响则极大。假如你的健康情形良好、个性独立、有勇气、待人友善、具同情心并且喜爱目前的工作，你便有机会能活上一个世纪，而且乐在其中。

所有接受调查的寿星，身体都相当健康，对生命充满热忱。他们懂得照顾自己，有求生意志，而且不那么畏惧死亡。事实上，这些人看起来都要比实际年龄年轻得多。

对我来说，当伯的报告证明了一个事实：没有所谓“变老”这回事。我们只有在停止成长的时候，才会开始衰老。

这种持续不断地成长，就是我们迈向成熟的过程。当我们停止学习，停止自求进步，我们的生命便结束了。我们会开始老化，准备坐上安乐椅或送进垃圾堆里。这种情形，与我们实际年龄无关——有可能发生在60岁，也很可能在二十多岁的时候便发生了。

当伯报告还显示了一个事实：快乐长生之道，与人的精神和心理态度有极密切的关系。百岁寿星在日常生活中有个共同现象，就是保持忙碌。事实上，根据当伯医师等研究人员的调查，所有的百岁寿星，没有一个是无所事事的告老退休人员。

因此他们下了结论：“退休和无所事事的生活方式，会毁掉一个人的生活目标。许多65岁以上的人，他们如果想维持健康，一定要有工作的欲望。只要他们持续工作，就能一直维持健康状态。”虽然有许多百岁寿星从职务上退休，但他们仍有其他工作取代原有的职务。

在情绪上，这些百岁寿星是性情平和、不太容易发脾气的人。他们也不会耽于幻想、纵容他人，或个性怪异难以相处。一般说来，他们的性情都相当稳定，具有幽默感，不会忧虑过度或遇事紧张。他们对自己的健康状况并不过于注意，像其中一位百岁寿星便记不得自己医师的姓名，因为她根本很少去看医生。另一位百岁寿星在113岁的时候才首次去拜访医师，因为她不小心感冒了，她的孙儿坚持要她非看医师不可。

虽然，这些百岁寿星吃的食物彼此不同，但在是否抽烟或喝酒这方面，他们都相当有节制，绝没有酗酒或过量抽烟的坏习惯。

百分之九十八的百岁寿星都结过婚，很少有离婚的情形。他们平均抚养3到9个小孩儿，这数字较一般美国人的1到6人要高出许多，其中还有不少是多达10个或20个小孩儿的。他们认为抚养小孩儿是一种乐趣，不是负担，因此，从不为了抚养问题而发出怨言。

百岁寿星另一特征是自力更生。他们大部分都不愿与子女同住。事实上，他们更喜欢帮助自己的子女，而不是接受儿孙辈的服侍。

由于他们生活忙，因此很少有时间去担忧死亡的事。大部分的百岁寿星都认为自己还可以多活上好几年。

百岁寿星也很容易接受新观念和环境的变迁。他们通常有许多朋友，因此不太拘泥自己的成见，并且还具有幽默感。此外，他们也很少缅怀过去的好日子。

总而言之，当伯的研究调查为我们带来了不少希望——无论是否活到一百岁，我们至少可以培养出一些态度，就像那些百岁寿星的人生观一样，岁月应该是一种祝福，而不是诅咒。有些生理学家也认为，人的身体，其生长的速度各有不同。根据马里兰州巴尔的摩的市立医院调查研究显示："身体的老化并不是一夜之间突然发生的。但是，只要一停止成长，老化便逐渐开始。"

加拿大马吉尔大学的伯利尔博士亦说过："无论是男是女，每一个人的老化过程都不一样。也许有某位年届 65 岁的男士，其心脏年龄只有 40 岁，肾脏年龄为 50 岁，而其肝脏却已有 80 岁，另一个宣称自己已届 91 岁高龄的男子，其神经系统的状态只有 30 岁，肾脏功能是 60 岁，而一般的新陈代谢情形差不多是 80 岁。因此，由他的年龄来看，其生理状态仍然十分年轻。"

不用担心年老会使我们变得愚钝不堪。根据夏克医师和其他研究人员的调查，许多高智慧的老年人，其智慧的成长与年龄成正比。正如另一种相对的现象：愚笨的人，也会随着年龄的增长而变得更不可救药。

虽然，智慧成长的速度在 60 岁之后会逐渐缓慢下来，但我们心灵运作的功能却丝毫未损。人的身体，据说在开始走路之后便逐渐“老化”，但人的精神功能却一直急速增加，直到40岁左右为止，而且以后也仍旧持续增长，直到60岁，只是速度减慢而已。

伯利尔博士还认为：“人的精神品质在80岁的时候，甚至有可能和35岁的时候一样好。当然，80岁的精神状态和35岁的状况不同，但其价值毫不减少。我们在年岁增长之后，其问题并非学习能力减退，而是积习难返，变得不想学习新的东西了。精神功能的减退主要是久未使用，一旦我们勤加磨炼，其功能必将再度恢复原状。”

对此颇有研究的卡尔森博士说道：“许多成年人浪费不少时间，结果只是做了令人失望的演出，像充满幻想、喜好竞争、固执己见、视野褊狭等等。于是到了晚年的时候，本应该是人生的顶点，却只剩下空虚的外壳，并且变成不明事理、令人生厌的无助老人。这样的老人会因此而神经过敏，并因之痛苦不堪。”

照理说，人的晚年应是生命中最丰盛的阶段，就好像收获季节——我们早年所历经的种种奋斗、压力和紧张，这时都已成为过去，而我们的智慧和经验都已开花结果，正是欢乐收割果实的时候了。

今日的科学技术不仅战胜许多疾病，也延长了我们的寿命。人类在近半个世纪以来，寿命平均增长了20年。要如何使这多出来的生命能活得更有目的、更有意义，应是我们每个人所努力的目标。

第四节　工作也是生活

假如你认为“幸福人生”就是到处玩乐，假如你正在日夜盼望早日退休，好坐进安乐的摇椅里面，那么，你便是生活在傻瓜的乐园里了。游手好闲可说是人类最大的敌人，其滋味就好像地狱中的美酒佳酿，味道虽好，却也带来了腐朽和死亡。

霍兰德和法兰克尔两位博士，在《今日健康》杂志上讲述了这样一个故事：

堪萨斯市有一位妇女，要把女儿送她的一张摇椅退还给厂商。其理由是：“我没有时间坐这张摇椅，我太忙了！”

这位妇女一定深知“不老”的诀窍，因为她明白工作是生活、健康及成为有用人物的最基本法则。

假如你认为“幸福人生”就是到处玩乐，假如你正日夜盼望早日退休，好坐进安乐的摇椅里面，那么，你便是生活在傻瓜的乐园里了。游手好闲可说是人类最大的敌人，其滋味就好像地狱中的美酒佳酿，味道虽好，却也带来了腐朽和死亡。过分工作并不会伤害到你，但过多的休息却会。

许多医师常常散播这样的观念，认为过度工作会伤害人的身体，而休息则有益于人体的健康。但是，也有不少医师持不同的看法。英国伯明翰大学医院的阿诺德教授，便认为过多的休息其实有害无益。他指出：“至今尚没有什么证据可以证明工作会影响人体组织。辛劳的工作，只要不具有危险性，不影响睡眠或营养等，都不会伤害人体健康。相反的，却对人大有助益。”

实际上，工作似乎是延缓人体老化的一种重要因素。德国“人脑研究协会”的佛特博士，最近在国际会议中报告指出：脑细胞的运动，确实可以延缓人的老化过程。就算过度工作，也不会伤害身体，反而一样能减缓身体的老化作用。根据佛特博士对一般成人大脑神经细胞的研究显示，这些脑神经细胞的确随着年龄的增长而逐渐退化。他以两名年约 90 及 100 岁的妇人做研究——由于这两名妇人生前都十分活跃，因此脑神经细胞都较实际岁数年轻。

“此外，在我们收集的其他资料里，都没有发现有什么证据，可以证明过度工作会加速人脑细胞的老化作用。”佛特博士如此解释道。

不错，努力工作并不会伤害你的身体，但忧虑和紧张就会。在今日大家力争上游、处处充满竞争压力的工作环境里，许多事业有成的公司高级主管，往往在 50 余岁的壮年时期便突然离去——一般人会认为这是勤奋工作的结果，其实不然。这样的不幸，并非单单由身体劳力的支出，而是由于工作环境的压力和紧张，导致当事人产生过度忧虑、害怕竞争、担心失败等种种情绪问题，进而发生失眠、劳累等现象。为了逃避这些压力，当事人往往借由酒精、安眠药、兴奋剂等来试图解决问题。但很显然，这些都不是真正的解决之道，相反，他的身体和整个神经系统会因长期的不当待遇而崩溃下来，最后甚至导致死亡。

有个令人震惊的事实是，全美的有病床的医院里，如今有一半以上是被精神病患所占据，这比癌症病患、心脏病患、麻痹病病患及所有其他病症的患者总和还多——这显示我们的社会在某些地方出了问题，工作过度不会有如此严重后果。

许多科技上的发明，使我们得以免去许多苦差事——这在我们祖父母时代，甚至是父母亲时代，都是不能想象的。我们的工作环境一直都在改善，许多不需要什么特别技能的职业亦如此。工人的工作时间减少了，机器取代了大部分的劳力，我们的休闲生活因此得以增加许多。像这种情形，我们怎可再埋怨自己工作过度呢？工作是人类生活的重要部分，而不只是谋生的工具。假如缺少了活动，人的身体会逐渐萎缩，直至死亡。同样的情形也发生在人的精神层面。工作，并不像古老传说中所叙述的，是人类原罪的惩罚。相反的，工作应该是人类管理世界的印记和象征，也是一种奖赏和荣耀。我们现在所谓的“文明”，其实就是整个人类靠双手和智慧逐渐累积和建立起来的。这是人类活力的表现，没有了这份活力，甚至连国家都难以生存。

如伟大的罗马帝国，本是由许多充满活力的农夫、商人、思想家和实践家所建立起来的，后来却因腐败和颓废的风气而瓦解——许多人游手好闲、不事生产，使农、工、商的各种活动都减少了，最后终于落入精力充沛的野蛮人手中。

罗马帝国衰亡之后，西方世界兴起一股小小的、新的势力。一群被称为基督徒的宗教信仰者，他们来自乡下——如技术工人、小企业家甚至奴隶都是工作勤奋的人。

对我来说，基督教的创始者是个木匠之子，这一点不足为奇。而他最初的几个门徒，也都是勤奋工作的人——像渔夫、税吏等。此外，圣经的伟大作者之一保罗，也是个制造营帐的工人。

我们若把工作当成是谋生工具，必须等到退休或死亡才能结束，而这无疑剥夺了生为人类所能拥有的最大满足感。工作本身是件极好的事，除了有益健康，更能影响一个人的气质。因此，工作在我们的生命之中是个重要的成分。

所有的工作都有这样的性质。无论是烹饪、刷地板、装配零件或是练习一个舞步，它的主要目的是要使生活更美好、更舒适、更快乐。因此，工作本身极富创意性。假如我们想从工作中获得快乐或好处，都得重视这个富有创意性的目的。

英国著名的电影制作人蓝克先生说过："许多人常常忘记'为什么'会有某个行业的理由。一个制造座椅的工厂，不仅只是生产座椅和获取利润，其主要任务是要制造出人人喜欢坐的椅子来。假如从事此行业的人忘了自己工作的任务或目的，终有一天会发现，别人不但把他制造的椅子拿出去扔掉，连他想要的利润也都会无影无踪了。"

许多人埋怨现代的工业文明，扼杀了工作的创造性，使工作变得毫无尊严，好像只是机械中的小零件一样。这些人的工作只是每天不停重复某些动作，完全不明白整个工作的进行过程和意义，因此很难由自己的工作获得什么成就感，更不会对工作感到骄傲。

以我的一个学员的亲身经历为依据，我有几句话要说。好几年前，她在一家公司担任打字员，主要的工作便是打字——一大堆的财务报告，日复一日，月复一月，无穷无尽。这项工作注重正确性，其次是速度。由于这做起来并不容易，而且单调无聊，因此我并不喜欢这份工作。

但是，老实说，当我把这份工作做得近乎完美的时候，还是颇能引以为荣的。因为这项工作虽然呆板，却仍然需要熟练的技术，因此在达到要求的标准之后，实在有一种满足感。虽然在整个公司的运作过程中，我所担任的工作并不重要，但它对我个性的成长十分有益，使我在处理每件小事的时候，都能够力求正确、完美。

契斯特顿有句十分动人的格言：“要想不再当秘书的最好办法，便是尽量把现在的秘书工作做好。”

在加州“福乐神学院”教授神学和基督教哲学的卡尔·亨利博士相信：人的经济生活——也就是工作经验，实不能单独分开来看，而应视为他整个人格和宗教信念的一部分。他说：“工作经验对提升人的能力和品格具有极大价值，纵使它听起来也许很平凡。今天，最让工作者感到辛苦的，并不是单调的机械性操作，而是必须去克服对工作的憎恶感。我们的日常工作缺少一种使命感，也就是缺少了与神和全人类的紧密关系。我们对工作失去兴味，而单调的工作也带来压力，这不能只怪工作本身，工作者的精神和整个工作环境的品质也一样重要。”

换句话说，我们对工作的态度，大部分决定于是将其视为苦差事，还是能满足心灵需要的活动。

有许多家庭主妇把每天的家务事当成不可忍受的苦差事，如洗碗、扫地等。但是，有一名妇女却将此看作是有趣的工作。她的名字叫波西德·达尔。达尔女士是个职业作家，曾写过许多著作，并为杂志撰写文章。她曾失明多年，等到视力稍微恢复之后，根据她的说法，她把每日的家务要事当成是有趣的奇迹来看，并为此衷心感谢上帝。

她说：“从我厨房的小窗户，我可以看见一小片蓝天。而透过洗碗槽上飞舞的肥皂泡沫，那五颜六色如彩虹般的美丽景观，更使我百看不厌。经过多年不见天日的黑暗生活，能在做家务的时候再重新体会这世界美丽的色彩，真使我衷心感激不尽。”

可悲的是，我们大部分人虽然都拥有健康的眼睛，却对周围的环境视而不见。我们不但没有达尔所具有的成熟想象力，也不能由日常工作中捕捉到对我们最有意义的价值。

住在德州的丽达·约翰逊女士，以她亲身的经历向我们说明了如何用努力工作来解除精神上的危机。

1941年，约翰逊先生和太太带着两个小孩，搬到新墨西哥一处约有360英亩大的农庄里。根据约翰逊太太回忆："没想到，那个农庄其实是大蛇坑，住了许多可怕的响尾蛇，我们实在吓坏了。

"那时，我们的农舍还没有水电和煤气，但这些不便倒不令我担心，我日夜所忧患的，是那可恶的毒蛇。万一有一天家人被蛇咬了，该怎么办呢？我夜里经常梦见孩子遭到不幸，白天也一直担心在田里工作的丈夫。只要有片刻不见家人的踪影，我就紧张不已。

"这种持续的恐惧，使我几乎绝望。如果不是我开始勤奋工作，相信早就支撑不住了。我把玉米粒刮下来播种，直到双手起茧为止；我为小孩缝制衣服；把多出来的食物装在罐子里，收藏好。我不停地工作，直到精疲力尽地倒在床上为止。如此我便没有精力担忧其他的事了。

"一年之后，我们搬离那个农庄，全家大小都安然无恙，没有人被蛇咬。虽然自此以后我不再那么辛劳工作了，但我一直为那段时间的境遇感谢上帝。那一年，辛劳的工作的确拯救了我的生命。"

正如约翰逊太太的亲身经历一样，我们若能自困境中体会出辛勤工作所能产生的力量，再遭遇危机，便有坚利的武器可以自我防卫了，工作通常可以支持我们渡过难关、危机、个人不幸等。

爱德蒙·伯克曾说："不要绝望，但假如你真觉得如此，继续工作。"爱德蒙·伯克并不是只会空谈的理论家，他也是过来人，曾遭丧子之痛。根据研究，他得了一个苦涩的信念，认为人类文明业已消失。因此，在这疯狂的世界里，工作是使人保持神志清明的方法。于是他不停地工作，甚至在最绝望的时刻，亦不停止下来。

是的，工作是生命之节奏。如果我们被剥夺了工作权，无论理由如何，我们都会感到十分痛苦。许多治疗机构都采用工作疗法，如精神病院、监狱、疗养院及其他被隔离起来的地方。一般人认为："人一旦退休，便开始步向死亡。"话虽残酷，却是事实。

人一旦由各种活动中退休，由忙碌的有意义生活变成无目标的"纯休闲"生活，便会使原有的旺盛精力熄灭，因而降低了身体的抵抗力，迅速步入死亡。假如你想在退休后仍能快乐生活，最好是用别的工作来取代原有的繁忙生活。

规定人必须在年届 65 岁的时候退休，这种过时的观念是旧时代的残留，是任何进步国家都应引以为耻的做法。规定 60 岁必须退休，这是在 1870 年首先由"铁路工作人员退休系统"采用的；接着，是 1937 年由"社会安全系统"来使用的。由于 1900 年之后，人类的寿命已逐渐增加了 20 岁，所以，65 岁的退休年龄已显得不太合理。无论是男是女，许多 65 岁的人都还精力十分旺盛，根本还不准备坐进安乐椅或准备走向殡仪馆。

有关这方面的研究权威是汤玛士·克林先生。他是芝加哥《每日新闻》的专栏编辑，也是《黄金年华》一书的作者。克林先生认为强制退休的规定十分残忍，以下是他的观点：

"七年来，我访谈了无数年届或刚过 65 岁的工作者。根据我的观察，强制退休的规定十分残忍，假如同样的情形发生在狗或马的身上，相信它们也难以忍受。至少，马在告老退休之后，还能随时奔跑在草原上，嚼食青草；而狗也是被喂养到老死为止。

“但是，人的情形并不只是生计问题，这同时也伤害了这些人对自己能力的信心，更伤害了他们精神上的尊严。对人来说，因年老而变得无用是极为可怕的现实，连上帝都无能为力。人被剥夺了工作权、收入、甚至自尊，只因他已年届65——这不是极残忍吗?”

那么，为什么人们不起来反对这样的无理规定呢？根据印第安纳州的调查，有百分之九十的工作者，表示不愿在65岁的时候被迫退休。在某些大工厂里，此比例高达百分之九十五。有些企业与产业，对雇请高龄工作人员的态度也开始有所松动。此方面的研究权威朱丽耶塔·亚瑟女士表示：“根据1950年的人口普查结果显示，许多年过75岁的人仍然继续工作，其中不少是自己开公司。”

大都会人寿保险公司在1954年曾发表过一篇报告，指出65岁到69岁之间的男性，有五分之三仍然受雇担任职务；而70到74岁之间的工作男性，其比例是五分之二；超过75岁仍然担任职务的男性则为五分之一。这些人当中，大部分是自己当老板。

这项统计指出一个存在的事实——一个人在欢度65岁的生日之后，并不表示其工作能力与工作意愿已宣告终止。

多数人在能力尚可的时候，都表示愿意继续工作，而不是由退休计划人员来强迫退休。由于有这么多人表示反对这个制度，许多企业已开始注意这个事实，并开始修订某些不合理的规定。有的公司延长退休的年限，或做比较富有弹性的规定。

只是，这样的公司数量很少，要想全面废除所有不合理的强制退休办法，还有待于我们继续不断努力。

第五节　学会倾听和赞美

善于倾听别人的心语，善于真诚地赞美对方，你的生活中才会充满了友善，你才会有更多的朋友。

在我们的生活中，如何应酬，恐怕是一件很头疼的事情。

我们每天的日常生活方式，从理论上说，无论如何也说不上是合理的。有许多事情，由于长期的习惯和惰性，变成无理。但你不要企图把这些不合理的习惯打破，不然的话，在应酬上，要遭遇到对方“心理上的抵抗”。所谓“心理上的抵抗”，是指对方认为你不近人情，既然对方有些感觉，你的应酬效果就会大大减低。

关于这些“不合理”的日常生活习惯和方式的例子太多了，最平常的小事，是日常见面的那种礼貌。比如我们与友人见面，分明并无失礼之处，但一定说：“真是失礼得很。”分明是别人邀请你去，但临行时总会说句：“打扰你了！”你去某公司任职，分明不是某人介绍的，但他问起你时，你会说：“托你的面子，我进了某公司。”

但如果你不说这种不合理的话，别人就会认为你太不近人情了。

一个人的“第一印象”是非常重要的，别人对你，或你对别人都是一样。

在应酬上，“第一印象”不好的话，如要挽回，就要做很大的努力，“第一印象”一定要特别注意。

怎样给人以好的第一印象呢？我认为，要有良好的第一印象，首先要注意服装。

卡迪克在他所著的《应酬之道》中说：“和陌生人首次见面，最好用介绍人做初次见面的话题。”这话是很中肯的。

应酬时间的长短问题，在一种适当的应酬上有很重要的价值。当然，我们要从应酬的本质、目的和种类去加以判定，不可一概而论。但我们要知道，现在的市内公用电话规定基本通话时间是三分钟，这一规定是通过极深刻的研究才做出决定来的。它表示了一件小事情应该在三分钟内了结。如果事情不是一说即合，或需要辩论的，可能花上一小时也说不定。但是一种不变的原则，就是我们应该尽量缩短应酬时间，要提防自己和对方产生“疲劳感”。因为时间这种东西，有物理方面和心理方面的区别，当你和一位知己朋友谈了一小时时，他一看手表，啊呀，12 点了，快没有公共汽车了，末班船也快开了。这样的应酬使人感觉到，分明物理的时间只有一小时，心理上却有 20 分钟的感觉。

有些人参与应酬，对于物理时间满不在乎，却很重视心理上的时间，那就是说，当他对于这场应酬有兴趣时，他不计较究竟花了多少时间；否则，心理上就有度日如年之感。

但毕竟我们人类是被物理时间控制着来生活的，所以最好还是不要浪费时间，方便自己，也方便了别人，更要紧的是使应酬本身有效。

我们应该记着，时间是应酬的最后一项要素，也是最重要的因素，好好掌握时间吧。

应酬学上有一条原则是：先适合别人的需求而达到自己的需求。但是非常遗憾，这个社会上，能够做到这一点的人还不是多数，因为人有怕吃亏的心理。

但是，我们可以举出许多例子来说明在各方面都很成功的人，却总是运用这一套的，有时甚至可以反败为胜。

日本有一份大报，前几年总编辑换人，新人从未在报界担任过较重要的职务，甚至“连采访的大车都未坐过”（日本新记者在见习时多坐报社大车集体出发，如果资格较老，就可以自己开车了），这句充满敌意批评的话是出自一些新闻记者之口的，但是这些意见让新任总编辑知道了。

他上任第一天，便在“就任演讲”中含笑对各位同事说：“我此次就任报社的职务，别说是做总编辑，就是当资料室职员的资格也没有，因为关于资料调查统计方面的知识，我所知甚少，我只对经济方面略知一二。所以我只有一种意愿，希望坐坐新闻记者的大车，同时也希望由于坐了大车能得到各位外勤同事的体验，将来去某银行请求他们合作，替本报同事办一种接近市区的购房分期付款。”

他的话还未讲完，会议室里已是一片掌声，大家都拥护他的上任了。

在陌生人的宴会上主动与人谈话，是获得更多朋友的方法之一，在应酬学上，我们可以引用一个名词，即“努力学习应酬的表现。”

只有想办法去认识更多的人，并使这些人都成为自己的朋友，才是人生真正的应酬方针。

你会说：“我又不打算在社交上大出风头，我只是脚踏实地，自己干自己的，我有什么必要去认识太多的朋友呀？”如果你有这种想法，那么我可以告诉你，马克·吐温也不是一个靠社交出风头的人，他的主要事业只是埋头著作，他只需要天才和更多的幽默感，然而，任何人都承认，马克·吐温是一个朋友最多，与朋友相处得最好的人。

他曾说过："一个人，只有可以和一个跟自己毫无利害关系的人都相处得十分有趣味，那才有真正的快乐。"

一位女学生从某地幼儿师范毕业归来，在洗尘宴上，大家庆贺她的学业成功，但我只是赞许她选择了这门最好的学问，因为幼儿园者，求学之门的"人之初"也。而初入学的小孩子是最难教的，她专攻这一门，算是难能可贵了。目前进师范的人不少，但幼儿园的师资非常缺乏，没有多少人愿意应酬初入学门的小孩儿。

我还当众向她请教一些应酬小孩子之道："你在'幼师'里一定会读到幼儿心理学吧，这比其他重要得多。"

"对的。"她说，"我们几乎花了十分之七的时间去学习这方面的理论和知识。"

"照你看，小孩子最难应付的地方在哪里？"

"接受过幼儿园师资训练的人都不会觉得小孩子难于应付。"

"就是说，在上课时，他们终将接受你的管教，但你要知道，幼儿还有很多事情要应付，比如怕陌生、啼哭、大小便等，我想这些事情你们一定有些秘诀。"

"我不知道什么秘诀，但临场的时候，我大都可以应付，你要不信，我们开课时，请来看看我们怎样'应酬'他们吧。"

出于好奇，在幼儿园开课时，我就真的亲自去看看这些"幼师"专家怎样应酬那些淘气的小孩子了。

去看看幼儿园开课也会领悟到为什么父母对子女的爱是伟

大的。我去看的幼儿园设在郊区，说起来有点惊人，本学期他们一共开了十八个班，这数目远比他们原来设立的小学和中学班数要多。

开学第一天，汽车来接，学生站满了指定的候车地点，陪来的人中，十有八九一望而知是孩子的父母，而不是保姆。由于汽车不允许家长搭乘，这些初离父母的幼儿多半是哭哭啼啼的，惹得家长们更不放心，他们唯一的办法是乘坐公共汽车，跟在校车后面，结果导致了交通的拥挤。

好不容易抵达校门，校内校外哭声震天！你可以想象几百个小孩子加上几百位随来的家长啼哭的情景，啼哭，混乱，拥挤，呼男唤女，排队分班……

但是在这一片混乱中，我看到教师们，包括女学生在内，那种镇定自若的样子，就开始不为他们担心了，知道他们必有办法平息这个混乱的局面。

我听见学校用播音器向家长广播，请求大家不要太紧张，也不要因为小孩子啼哭就向他们打骂，因为这是小孩子第一次离开父母，来到这陌生的地方，学校自有办法管教，请大家放心好了，第二天最好不要跟着小孩子到学校来了。

幼儿园应酬小孩子的秘诀，其实只有一种，就是应酬学上所说的“适应别人的兴趣”。

小孩子的兴趣是什么呢？只要你能揣摩他们的心理，便可以迎刃而解了。

这种做法出于热诚，而热诚却永远是应酬成功的要素。

当你的内心充满热诚时，你向别人提出的，将不是一个令人难堪的问题，而是他乐于回答或者是她所熟悉的问题。

你知道某人去过美国，如果你向他问及美国的事情，他一定非常高兴，或滔滔不绝地讲到美国的许多事情，即使你的目的只不过想问问有关美国入境的手续，而他也会连带告诉你纽约帝国大厦的电梯快到什么程度，旧金山市的街道有些地方像香港等等，因为你迎合了他的兴趣。

通过进一步分析，我发现人类有生以来就有一种互相矛盾的心理，正如有些人力主男女平等，但另一方面，内心却希望维持男性的特权；所以在言谈中，会造成对方一种难以理解的情形。据说日本某名人在某一应酬场合中，与人说到了男女平等问题：

问：阁下认为女性应有参政权么？

答：当然，我认为给予女性参政权已嫌太迟。

问：你认为应否禁绝私娼？

答：私娼应立即扫荡。

问：你对男人纳妾的看法如何？

答：纳妾实为男性之耻。

问：太太应该出来做事么？

答：应该，应该！

当你听了上面几个答复，你会有一个印象，觉得此人是一位标准的男女平等论者。你继续听下去。

问：阁下赞成男女同校么？

答：男女各有特性，如一同就学，则难免失去各自的特性；不过，同学也有同学的好处。

我请大家注意：他对于男女同校的问题，是保留着赞成或反对两种意见的，换句话说，他采取中立，未置可否。

但是和他对话的人，却把他的“中立”理解作“赞成”了；因为他在以前的回答中，说了许多赞成男女平等的论调，听众就受了这种影响，硬把他“中立”的意见也算作是“赞成”了。

美国心理学家海曼在类似的测验中，测出一百人之中，有七十三人是把对方的答复按照自己所期待的方向去理解的，这一点在应酬时也不可不了解。

应酬的学问和艺术不是一早一晚就能学尽的，所以也有赖于经验的积累。应酬学家甘保博士在他的论述中，把“经验”放在第一位。

其次才是：

（一）对于话题的内容应有专门的知识——当你和对方谈到某一件事时，你必须对此的确有所认识，否则说起来便缺乏吸引力，不能让对方发生兴趣。

（二）充分明了人与人之间的关系的真理——有许多事即使做法不同，但道理是永不能改变的，这种“永不能改变”的道理，自己要常常放在心里。

（三）要培养忍耐力——切忌凡事小气。经验证明“小气”常使自己吃亏。

（四）能够利用语气来表达你自己的愿望——不要使人捉摸不定。有些人以为态度模棱两可是一种技巧，其实是相当拙劣的。真正懂得运用应酬技术的人，都会让自己的立场迅速公开。

（五）常常保持中立，保持客观——按照经验，一个态度中立的人，常常可以争取更多的朋友。甚至你的“死党”，你也不必口口声声去对他表明，只要事实上是“死党”就行。

（六）对事物要有衡量种种价值的尺度，不要只是坚持某一个看法。

（七）对事情要守密——一个人不能守秘密，会在任何事件上发现很多过失。

（八）不要说得太多——想办法让别人多说。

（九）对人亲切、关心——竭力去了解别人的背景和动机。

没有经过准备而进行一项应酬，常常不只是不成功，而且会遭受无可挽救的失败，尤其做推销员的，要当心这一点。

美国有一个人寿保险商，就靠他的“准备”工作，成为此中之“王”。他的秘诀是：在他去劝服一个客人之前，先了解他究竟有没有买别家的人寿保险，如果在别家已买人寿保险，你还要去劝他多买你公司的，这事成功的希望已减去一半。

“碰到这种情形，”他说，“一定不再提到人寿保险的事，可以提到另外一种保险，例如意外保险之类。”

低能的人寿保险商，会攻击客人所购的别的人寿保险，然后推荐自己的公司。

某书报社派员工上门推销，承接各种报刊订户，他去一家客户，人家本来已长期订阅了甲杂志，他还冲口而出，叫人订一本乙杂志，客人一句话就回绝了：“我们没有同时订两本杂志的必要。”这话一经讲出，气氛已很不愉快，再要介绍另外一种杂志已来不及了。

有许多事情，心理上本来可以稍加准备的，有了准备，一切好办得多，可惜一般人都漠视这种应有的准备，放过了大好的成功机会。

甚至在电话应酬中也有这种情形，预先准备好别人说“是”或“否”时你应该如何应对，就可以避免太多不必要的不快了。

二人谈话，从“非特定话题”转入“正题”是一件相当困难的事。有许多人喜欢说一大堆题外话，然后说：“言归正传，我今天来找你并不为什么，而是为了……”或者：“今天来访，其实是为了……”这样转入正题，表面看来似乎直截了当，但这样会使得刚才你说的所有题外话完全失去效果，因为对方的脑子已把你的谈话划分为二。如果你说话有这种习惯，不懂“转题”，倒不如开门见山，一见到人就讲正题。

某洗衣机推销员去拜访朋友，目的当然是推销洗衣机，如果他首先和别人说了一大通题外话，然后说：“今天拜访，无其他目的，实在是想推销……”我想他多半要失败的。但他一开头便谈论近来天久不雨，水库干，停水，然后说：“这几天热得很，天天要换衬衫，每天单是洗衣服就大伤脑筋啊……”由此转入推销洗衣机，真有天衣无缝之妙，即使对方发现了这条“缝”，也不会觉得不舒服的。

有些场合需要声明“闲话少说，言归正传”的。比如对方已知你来意，或者彼此已约定此次是谈些什么，来一个正式宣布，反可使对方的情绪拉紧，把精神集中一下，来谈你们之间要谈的事情。

有些事情是绝不可能立刻得到答案的，你事前要自己做一个判断才好，遇到这类事情，最好不要等候答复就告辞：“你很忙，我不耽搁你了，请多多考虑吧！”这样也是讨人好感的方法，同时你也留下了下次再来的信号。

我发现，我们很多的父母只是在滋养我们的子女、朋友和员工的身体，却很少滋养他们的自尊心。我们供给他们牛肉和洋芋，培养精力；但我们却忘了给他们可以在记忆中回响好多年的像晨星之音的称赞。

一次，保罗·哈威在他所主持的一项广播节目“故事的结尾”中述说了表达真诚的赞扬和欣赏是如何改变一个人的一生的。他说，几年前，底特律的一位教师请史提夫·莫瑞士帮她找寻在教室中跑失的一只老鼠。她了解老天给了史提夫一样东西，这样东西是在我们这间房子里的人所没有的。老天给了史提夫一双了不起的耳朵，以补偿他双眼的失明。所以那位老师的请求，使史提夫第一次感到他的特长得到了别人的欣赏。几年以后的今天，史提夫说，那次他得到的重视和欣赏，正是他新生活的开始。

从那次开始，他开始发展他听力的天赋，终于成为20世纪70年代最伟大的流行歌曲歌手和作曲者。他的艺名就是史提夫·汪德尔。

有些读者看到上述的例子后会说：“这种拍马屁的方法我试过了。没有用——对有知识的人都不会产生效果。”

当然，拍马屁是骗不了明白人的，那是肤浅、自私、虚伪的，它应该失败，而且真的是常常失败。有些人非常渴望别人的赞赏，任何东西都可以接受，就像一名饿得要死的人，连青草和鱼饵都会吃下去。

举例来说，为什么结过多次婚的迪凡尼兄弟，在婚姻市场上会这么一帆风顺？为什么这两位所谓的“公子哥”，有办法娶到两位著名而美丽的电影明星，一位是闻名世界的首席女歌星，一位是身价数百万美元的芭芭拉·何顿呢？他们怎么做的？

“迪凡尼兄弟对女人的魅力，”亚迪拉罗吉尔圣约翰在《自由》杂志中的一篇文章中说，“好久以来，对许多人来说，一直是一项神秘。”

波拉尼格妮，一位见闻广博的女人，一位男人的鉴赏家，也是一位伟大的艺术家，有一次对我提出了她的解释。她说："他们比我所遇见的任何男人还懂得恭维之道。而恭维之道，在这个现实而没有情感的时代里，几乎是一样被遗忘的东西。我可以跟你保证，这种恭维就是迪凡尼兄弟吸引女人的秘密。"

甚至维多利亚女皇也被恭维所动。德莱里承认，他在女皇面前常常使用恭维。引用他自己的话，他说自己"厚颜无耻地恭维"。但是，德莱里是所有统治过大英帝国的人中最老练、最懂技巧、最有办法的人之一。在他那一行中，他是一名天才。

当然，对他有效的方法，不见得对我们有效。恭维对你害多于益，因为恭维是假的，就像假钞一样，如果你要使用，最后总会使你惹上麻烦。

赞赏和恭维到底有什么区别呢？很简单，一个是真诚的，另一个是不真诚的；一个出自内心，另一个出自牙缝；一个为天下人所喜欢，另一个为天下人所不齿。

在墨西哥城的查普特培克宫，我见到了一尊奥布里冈将军的半身像。在那座半身像之下，刻着奥布里冈将军的哲学智慧之语："别担心攻击你的那些敌人。要担心恭维你的那些朋友。"

所以，我在这一章中不是提倡恭维！我所说的是一种生活的新方式。

英王乔治五世在他白金汉宫书房的墙上，展示着一幅六句的格言。其中有一句是："不奉承，也不接受廉价的赞美。"

恭维只是廉价的赞美。有一次，我读到一句恭维的定义，也许值得向大家介绍："恭维，是对另一个人说出正好是他对自己的想法。"

“不论你使用什么语言，”爱默生说，“你所说的还是对你自己的写照。”

如果只要恭维就能够达到目的，大家就会争相恭维起来，那我们就都是做人处世的专家了。

当我们没有思考一些确定的问题时，通常会把我们时间的百分之九十五用来想着我们自己。现在，如果我们停止时时为自己打算，开始想想别人的好处，我们就不会诉诸于那些廉价的还没有说出来就知道是虚情假意的恭维了。

我们日常生活中最常被忽视的许多美德中的一项，就是对别人表示的欣赏和赞扬不知怎么回敬。当我们的儿子和女儿带回一份好的成绩单的时候，我们竟然忽视掉，而没有对他或她加以赞扬，或者是当他们第一次成功地做出一块蛋糕或做好一个鸟笼的时候，我们却没有给他们一番鼓励。没有任何东西比父母对子女的这种关注和赞扬更能使他们感到快乐了。

我要向所有的人建议，下一次你在饭店吃到一道好菜时，不要忘记说这道菜做得不错，并且把这句话传给大师傅。当一位奔波劳累的推销员向你表现出礼貌的态度时，也请你给他赞扬。

每一位传教士、教师以及演讲的人，都曾经历过掏出肚子里所有的东西却没有得到听众一句赞扬的话的泄气情形。

这些人会碰到这种情形，那些在办公室、商店以及工厂的工作人员，还有我们家里的人和朋友，更会遭遇这种情形。

在人际关系方面，我们应该永远不要忘记，我们所有的同事都是人，也都渴望别人的欣赏和赞扬。欣赏和赞扬是所有的人都欢迎的东西。

在你每天所到的地方，不妨多说几句感谢的话，留下一些友善的小小火花。你将无法想象，这些小小的火花如何点燃友谊的火焰，而当你下次再到这个地方的时候，这友谊的火焰就会照亮你。

一个成功的商业性会谈的秘密是什么呢？根据那位和蔼的学者查尔斯·伊里亚特的说法，“成功的商业性交谈，并没有什么神秘，专心地注视着对你说话的人是非常重要的。再也没有比这么做更具恭维效果的了。”

我们注意到，常发牢骚的人，甚至最不容易讨好的人，在一个有耐心、具有同情心的听者面前，都常常会软化而屈服下来。这样的听者，在被人家鸡蛋里挑骨头骂得狗血淋头的时候，都会保持沉默。

举例说明：纽约电话公司在几年前发现，该公司碰上了一个对接线员口吐恶言的最凶恶的用户。他怒火中烧，威胁要把电话连根拔起，拒绝缴付某些费用，说那些费用是无中生有的。他写信给报社，到公共服务委员会做了无数次的申诉，也告了电话公司好几状。

最后，电话公司最干练的“调解员”之一被派去会见那位惹是生非的用户。这位“调解员”静静地听着，让那位暴怒的用户痛快地把他的不满全部吐出来。电话公司的“调解员”耐心地听着，不断地说“是的”，同情他的不满。

“他滔滔不绝地说着，而我倾听着，几乎有三个小时。”这位“调解员”把他的经验在我的培训班上叙述出来。“然后，我又继续倾听下去。我见过他四次，在第四次会面结束之前，我已经成为一名他要成立的一个组织的会员，他把它叫作‘电话用户保障协会’。我现在仍然是这个组织的会员，而据我所知，除了那位老兄之外，我今天是世界上这个组织的唯一会员。

“我倾听着，对他的这几次见面中所发表的每一个论点都抱着同情的态度。他从来没见过一个电话公司的人跟他这样谈话，于是他变得友善起来。在第一次会面的时候，我甚至没有提出我去找他的原因，第二次和第三次也没有。但是第四次的时候，这件事就完全解决了，他把所有的账单都付了，而且撤销了对公共服务委员会的申诉。”

无疑，那位老兄自认是一位神圣的主持正义者，维护大众的权利，免得受到剥削。但事实上，他所要的是一种重要人物的感觉，他先以口出恶言和发牢骚的方式得到这种重要人物的感觉。但当他从一位电话公司的代表那儿得到了这种感觉后，那无中有生的牢骚就化为乌有了。

本章小结

规则一：对你所爱的人永远不要忘了：

（1）永远不要害怕说出这三个奇妙的字眼：我爱你！

（2）永远不要放弃任何一个赞美他人的机会。

（3）永远对你爱的人留下爱的语言——那可能是你最一次看他们。

（4）如果你将要死去了，而你可以打一个电话，望打给谁？你会说什么？还有，你还在等什么？

规则二：热情点燃爱，并使它永生。 经验，

持久的热情并不单单来自于肉体的吸引力 行，都可承诺、关怀、感兴趣和兴奋而来。过去让你

可以让你重新创造出新的热情；惊喜或发

以创造出热情；爱和快乐的本质是一样的，我们要做的只是让每天都活得有热情。

规则三：岁月可以产生一种渴望和力量。如果我们能发现这些不可知的宝藏，生活会因此而变得更丰富、更快乐。其实生命的果实，要看你最初如何去培植。

规则四：假如你认为“幸福人生”就是到处玩乐，假如你正在日夜盼望早日退休，好坐进安乐的摇椅里面，那么，你便是生活在傻瓜的乐园里了。

规则五：如果你可以真诚地赞美别人，你懂得与人交际的技巧，你就会是一个很成功很快乐的人。